细胞凋亡

——检测原理、方法和技术

黄汉昌／著

吉林大学出版社

图书在版编目(CIP)数据

细胞凋亡 ：检测原理、方法和技术/黄汉昌著. --长春：吉林大学出版社，2017. 4（2024.8重印）

ISBN 978-7-5677-9768-0

Ⅰ. ①细… Ⅱ. ①黄… Ⅲ. ①细胞－死亡－研究 Ⅳ. ①Q255

中国版本图书馆 CIP 数据核字(2017)第 111935 号

书　　名　细胞凋亡 ：检测原理、方法和技术
　　　　　XIBAO DIAOWANG ：JIANCE YUANLI、FANGFA HE JISHU

作　　者　黄汉昌　著
策划编辑　孟亚黎
责任编辑　孟亚黎
责任校对　樊俊恒
装帧设计　马静静
出版发行　吉林大学出版社
社　　址　长春市朝阳区明德路 501 号
邮政编码　130021
发行电话　0431－89580028/29/21
网　　址　http://www.jlup.com.cn
电子邮箱　jlup@mail.jlu.edu.cn
印　　刷　三河市天润建兴印务有限公司
开　　本　787×1092　1/16
印　　张　14
字　　数　181 千字
版　　次　2018 年 1 月　第 1 版
印　　次　2024 年 8 月　第 3 次
书　　号　ISBN 978-7-5677-9768-0
定　　价　48.00 元

前　言

细胞是构成生命有机体的基本单位，绝大部分的生化反应都是在细胞内进行的。为维持机体自身的完整性及保持体内微环境的稳定性，多细胞生物必须具有调控自身细胞增殖和死亡的能力。细胞死亡的诱导、发展、调控与人类健康和疾病发展密切相关，近年来对细胞死亡调控的研究已成为生命科学的研究热点之一。细胞凋亡是细胞程序性死亡的一种方式，内源或外源性的凋亡诱导因素通过多种途径引起细胞凋亡的发生，细胞在凋亡过程中发生一系列的凋亡标志性事件。

本书首先从细胞凋亡形态特征、发生途径、凋亡进程及信号调控等角度阐释细胞凋亡的细胞、分子生物学本质；其次从细胞凋亡检测分析的角度，多侧面地介绍了细胞凋亡的检测原理、方法和技术。

本书兼备基本原理和实验技术，可供细胞生物学、分子生物学、基础医学等领域的高年级本科生、研究生和其他研究人员阅读参考。

生命科学领域研究日新月异，研究方法、实验仪器设备也不断提高，本书对细胞凋亡研究及相关检测分析方法的最新进展难免有遗漏之处，另外由于时间仓促和水平有限，书中也难免存在错误之处，恳请读者指正。本书的出版得到了国家自然科学基金面上项目(31471587)的支持，在此表示衷心的感谢。

作者

2017 年 3 月

目　录

第一章　绪　论

细胞是生物体基本的结构和功能单位，目前已经知道除病毒之外的所有生物均由细胞组成，但病毒生命活动也必须在细胞中才能体现。多细胞生物的生存依赖于各种细胞类型的分化和功能协调。一旦发育过程完成，生物体的生存则依赖于这些细胞的维持和再生。

多细胞生物为维持其自身的完整性及保持机体内环境的稳定，必须具有调控自身细胞增殖和死亡之间平衡的能力，细胞数目的控制是细胞生殖和细胞死亡二者平衡的结果。细胞增殖和死亡之间的平衡由机体内一系列复杂的调控系统来完成，也即生长因子诱导的细胞生长信号和生长抑制因子诱导的细胞死亡信号之间的选择来控制。长期以来，生命科学研究的重点是细胞增殖、活细胞的功能及其调控。近年来对细胞死亡调控的研究已成为热点，细胞死亡的诱导、发展及调控与人类健康和疾病有着密切的关系。

细胞死亡是生物界普遍存在的现象，不同于机体的死亡，正常组织中，每天都有许多细胞发生死亡。细胞的死亡形式多种多样，在分子生物学兴起以前，细胞死亡的分类主要基于形态学，自20世纪50年代分子生物学兴起后，在细胞死亡分子机制方面的研究取得了长足的进步，对细胞死亡的分子生物学研究使得死亡的分类更加科学化。但是，由于认识的局限性，细胞死亡分类的现状是形态和机制并存。

细胞死亡有多种方式，根据死亡细胞形态学上的差异，可将细胞死亡方式分为细胞坏死和程序性死亡（Programmed Cell

Death,PCD)。细胞坏死是细胞受到环境因素的影响时,细胞的被动死亡过程;程序性死亡是为维持机体内环境的稳定,细胞发生主动的自我消亡过程,此过程需要消耗能量。

第一节 细胞坏死

细胞坏死是细胞在受到环境中的物理(如高温、辐射)、化学(如强酸、强碱、有毒物质)或者生物因素(如缺氧、病原体感染)刺激时所发生的细胞被动死亡。

细胞坏死在形态学主要表现为胞膜的破坏、细胞及细胞器水肿(胞浆泡化)。坏死细胞的形态改变主要是由蛋白酶降解和蛋白质变性两种病理过程引起的,在细胞水平上,坏死细胞的主要特征有:

(1)溶酶体、线粒体、内质网等细胞器肿胀崩解。

(2)结构脂滴游离、空泡化。

(3)随着嗜碱性核蛋白的降解,细胞质呈现强嗜酸性,原有的微细结构消失。

(4)细胞核发生固缩或断裂,后期染色质DNA随机性降解。

(5)胞膜通透性增加,胞内水泡不断增大,细胞结构消失,细胞肿胀直至最后破裂。

(6)细胞破裂有内容物流出,引起周围组织的炎症反应。

细胞死亡后,细胞内容物及前炎症因子释放,趋化炎症细胞浸润引起炎症,以去除有害因素及坏死细胞并进行组织重建;在组织愈合过程中常伴随组织器官的纤维化,形成瘢痕。细胞坏死是一种"不安全"的细胞死亡方式,往往会导致细胞内的质膜破裂,细胞自溶,引发组织急性炎症(如心肌缺血坏死可能导致急性心肌炎症)。

引起细胞发生坏死的因素很多,如病原体、电离辐射、组织缺血缺氧等。细菌毒素除直接引起细胞坏死外,还可通过免疫反应

(如补体)激活自然杀伤细胞和巨噬细胞或释放细胞因子引起细胞坏死。在病理条件下,如组织缺血、缺氧等,细胞不适当地分泌细胞因子(如 NO 和 ROS 等)也容易引起细胞坏死。

按发生的时间急剧程度,细胞坏死可分为急性坏死和慢性坏死。生物体由于遇到突然的损伤引起,如车祸对人体组织的伤害,引起细胞结构的破坏出现严重的坏死性反应而死亡。在多数情况下,坏死性细胞死亡是一种急性的、不可逆的和被动的过程,具有代谢功能丢失和细胞完整性遭到破坏的特点。慢性坏死是缓慢发生的死亡过程,与其他细胞死亡的类型有一定的关系,例如细胞凋亡与细胞坏死可以互相转换。在细胞毒性物质作用下,当含半胱氨酸的天冬氨酸蛋白水解酶(Caspases)活性被抑制导致细胞凋亡受阻时,细胞发生坏死。有研究报道,受体相互作用蛋白 3(Receptor Interacting Protein Kinase-3,RIP3)就是一个控制细胞凋亡或坏死的生物学开关,RIP3 蛋白的表达量是控制细胞凋亡或细胞坏死的关键;如果 RIP3 表达量高细胞则走向坏死路径,RIP3 表达量低细胞则走向凋亡路径。细胞能量代谢的调节也会影响细胞选择不同的死亡方式。

在认识的早期,细胞坏死被认为是非程序性细胞死亡的形式,但随着细胞生物学及分子生物学研究的深入,发现有些细胞坏死也具有诱导因子和调控靶点,能由细胞信号通路介导,其中肿瘤坏死因子 α(Tumor Necrosis Factor Alpha,TNFα)是目前研究最多的细胞程序性坏死诱导因子。TNFα 是一种多效的细胞因子,既能在低水平时活化细胞内的存活信号通路,也能作为死亡配体来激活死亡受体凋亡信号通路,从而诱导细胞凋亡。受体相互作用蛋白 1(Receptor Interacting Protein Kinase-1,RIP1)的抑制剂特异性(Necrostatin-1)能够抑制 Fas/TNFR 引起的坏死,但对凋亡没有抑制作用,这种死亡方式被称为坏死性凋亡(Necroptosis)。坏死性凋亡死亡方式在缺血性脑损伤的小鼠模型中扮演了重要角色。因此,细胞程序性坏死可能是在细胞凋亡被抑制的情况下发生的细胞死亡方式。

目前研究比较清楚的程序性细胞坏死细胞信号主要由肿瘤坏死因子受体(Tumor Necrosis Factor Receptor，TNFR)家族以及 Toll 样受体(Toll-like Receptor，TLR)家族启动的，并通过与受体蛋白互作的两个蛋白激酶 RIP1/RIP3 传递死亡信号，RIP3 的特异性底物蛋白 MLKL(Mixed Lineage Kinase Domain-like Protein)被募集并磷酸化，磷酸化的 MLKL 作为细胞死亡的执行者，最终导致坏死的发生。坏死的细胞向周围释放其内容物，这些内容物可刺激周围细胞发生炎症反应，激活机体免疫应答。

第二节　细胞程序性死亡

程序性细胞死亡，即细胞在一定的生理或病理条件下，遵循特定的程序，结束自身生命的过程。程序性细胞死亡是受基因控制的一种细胞死亡方式，是生物体在漫长进化过程中逐步建立起来的“自杀机制”。

早期的细胞死亡研究主要是基于形态学的，主要是基于细胞核和细胞膜在细胞死亡过程中的变化。基于形态学的分类，通常将程序性细胞死亡大致分为细胞凋亡(Apoptosis)、凋亡样程序性细胞死亡和坏死样程序性细胞死亡。目前仍在广泛应用的克拉克(Clarke)细胞死亡分类也是基于形态学的，克拉克分类将程序性细胞死亡分为Ⅰ类、Ⅱ类和Ⅲ类。Ⅰ类程序性细胞死亡是细胞凋亡，这类死亡一般没有溶酶体的参与，且死后会被吞噬细胞所吞噬。Ⅱ类程序性细胞死亡是自吞噬性程序性死亡，其主要的形态学特征是自吞噬泡的形成，自吞噬泡和溶酶体融合后被消化，细胞残骸被吞噬细胞吞噬。Ⅲ类程序性细胞死亡是坏死样程序性细胞死亡，其主要的形态学特征是各种细胞器的肿胀、胞膜的破坏等，这类细胞死亡没有溶酶体的参与，细胞器的肿胀表现比较明显，而且死亡后会被吞噬细胞吞噬。

随着细胞生物学与分子生物学的发展，很多细胞死亡的方式机制也逐渐被揭示开来，基于死亡机制可以将程序性细胞死亡分为两大类：含半胱氨酸的天冬氨酸蛋白水解酶（Caspase）依赖的程序性细胞死亡和 Caspase 非依赖的程序性细胞死亡。前者是典型的细胞凋亡（Apoptosis），后者包括自吞噬性程序性细胞死亡（Autophagic Cell Death）、类凋亡（Paraptosis）、细胞有丝分裂灾难（Mitotic Catastrophe）、胀亡（Oncosis）等。

典型的细胞程序性死亡形态学特征主要表现为：细胞膜完整、没有前炎症因子等细胞内容物的释放，因而不会引起炎症反应。诱发细胞程序性死亡的因素很多，包括体外因素，如射线、药物和病毒感染等；体内因素，如肿瘤、自身免疫病和退行性病变等。

表 1-1 形态学分类与机制分类的关系

基于机制的分类	基于细胞形态学改变的分类	克拉克分类
凋亡	凋亡，凋亡样程序性细胞死亡	Ⅰ型
自吞噬性程序性细胞死亡	凋亡样程序性细胞死亡	Ⅱ型
类凋亡	坏死样程序性细胞死亡	Ⅲ型
细胞有丝分裂灾难	凋亡	Ⅰ型
胀亡	坏死样程序性细胞死亡	Ⅲ型

第三节 细胞凋亡

细胞凋亡（Apoptosis）是细胞程序性死亡的一种方式，机体细胞在发育过程中或在某些因素作用下，通过细胞内基因及其产物的调控而发生的一种程序性细胞死亡。细胞凋亡涉及一系列基因的激活、表达以及调控作用。细胞发生凋亡时，就像树叶或花的自然凋落一样，对于这种生物学观察，借用古希腊语“Apoptosis”来表示，意思是像树叶或花的自然凋落，细胞到了一定时期会像树叶那样自然死亡。

在形态学上，细胞凋亡主要的表现特征有：①细胞浆浓缩、细胞体积缩小，核糖体、线粒体等聚集；②染色质逐渐凝聚、分块、成新月状附于核膜周边，细胞核固缩呈均一的致密物，进而断裂为大小不一的片段；③胞膜不断出芽、脱落形成由胞膜包裹的多个凋亡小体（Apoptotic Bodies）；④凋亡小体被具有吞噬功能的细胞如巨噬细胞、上皮细胞等吞噬、降解；⑤凋亡发生过程中，溶酶体和细胞膜保持完整，细胞内容物不释放出来，不引起炎症反应。

一、凋亡与坏死的区别

虽然细胞凋亡与坏死最终均导致细胞的死亡，但它们的发生机理、过程与表现却有很大差别，见图 1-1 和表 1-2。

坏死是细胞受到强烈理化或生物因素作用引起细胞无序变化的死亡过程。表现为细胞胀大，胞膜破裂，细胞内容物外溢，核变化较慢，DNA 降解不充分，引起局部严重的炎症反应。

凋亡是细胞对环境的生理性、病理性刺激信号，环境条件的变化或缓和性损伤产生由细胞基因控制的应答有序变化的死亡过程。

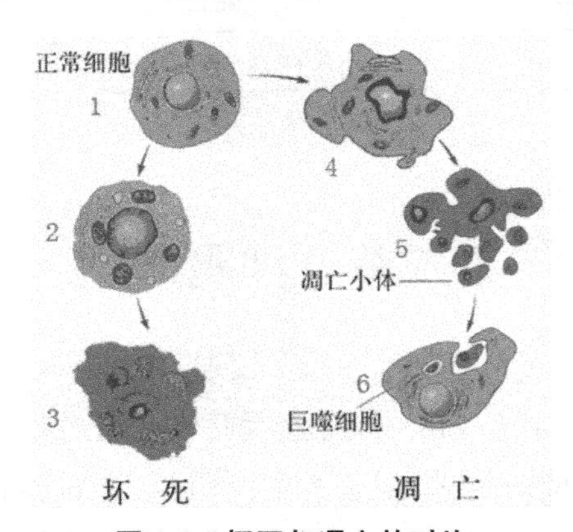

图 1-1　坏死与凋亡的对比

细胞坏死：细胞和细胞器肿胀、核染色质边集；细胞膜、细胞器膜和核膜破裂、崩解、自溶。

细胞凋亡：细胞和细胞器皱缩，胞质致密，核染色质边集；胞质分叶状突起并形成多个凋亡小体，并与胞体分离；邻近巨噬细胞等包裹、吞噬凋亡小体。

另外，胞内ATP水平可能也与细胞死亡方式相关，有研究发现，正常增殖生长的细胞内ADP：ATP比值<0.11，发生凋亡的细胞内ADP：ATP比值为0.11～1.0，而热休克诱导的坏死细胞内ADP：ATP比值超过15.0。

表1-2　细胞凋亡与坏死的区别

	凋亡	坏死
发生机制	基因调控的程序化(Programmed)细胞死亡，主动进行(自杀性)	意外事故性(Accident)细胞死亡，被动进行(他杀性)
诱导因素	生理性或轻微病理性刺激因子诱导发生，如生长因子缺乏	病理性刺激因子诱导发生，如缺氧、感染、中毒
死亡范围	多为散在的单个细胞	多为聚集的大片细胞
形态特征	细胞固缩，核染色质边集，细胞膜及各细胞器膜完整，膜可发泡成芽，形成凋亡小体	细胞肿胀，核染色质絮状或边集，细胞膜及各细胞器膜溶解破坏，溶酶体酶释放，细胞自溶
生化特征	耗能的主动过程，有新蛋白合成，DNA早期规律降解为180～200bp片段，琼脂凝胶电泳呈特征性梯带状	不耗能的被动过程，无新蛋白合成，DNA降解不规律，片段大小不一，琼脂凝胶电泳不呈梯带状
周围反应	不引起周围组织炎症反应和修复再生，但凋亡小体可被邻近细胞吞噬	引起周围组织炎症反应和修复再生

二、细胞凋亡过程

在受到凋亡诱导因素刺激后，细胞启动凋亡信号，通过信号转导等方式传递细胞凋亡信息、执行细胞凋亡的程序，最后凋亡的细胞被吞噬和分解、完成细胞凋亡过程。

细胞凋亡的过程大致可分为以下几个阶段：接受凋亡信号→凋亡调控分子间的相互作用→蛋白水解酶的活化→进入连续反应过程→细胞被吞噬。

细胞凋亡的启动是细胞在感受到相应的信号刺激后胞内一系列控制开关的开启或关闭，不同的外界因素启动凋亡的方式不同，所引起的信号转导也不相同。目前比较清楚的通路主要有：①细胞凋亡的膜受体通路：各种外界因素是细胞凋亡的启动剂，它们可以通过信号传递系统传递凋亡信号，引起细胞凋亡；②细胞色素 C 释放和 Caspases 激活的生物化学途径；③内质网应激-Ca^{2+}释放途径。

在大多数组织中，细胞生存依赖于邻近细胞或细胞外基质的生存信息的不断刺激，如果把细胞培养在缺少外源性生存因子环境中，细胞则走向凋亡。除了缺乏细胞生长因子能抑制凋亡的发生外，有很多因素能影响细胞凋亡的进行。表 1-3 中列举了一些细胞凋亡诱导因素诱导剂。

表 1-3　细胞凋亡抑制诱导剂

生理性诱导剂	与伤害有关的诱导因素	毒素
TNF 家族	热激	放线菌酮
Fas 配体	肿瘤抑制基因	布雷菲德菌素 A
转化生长因子	杀伤 T 细胞	离子载体[如缬氨霉素、离子霉素、羰基-氰-对-三氟甲氧基苯肼(FCCP)]
神经递质	氧化	DNA 拓扑异构酶抑制剂(如喜树碱)
谷氨酸转氨酶	自由基	秋水仙碱
休眠素	脱氮	顺铂
N-甲基-*D*-天冬氨酸	X-射线	衣霉素
生长抑制剂	紫外线	地塞米松
Ca^{2+}	缺氧	毒胡萝卜素
糖皮质激素	缺血	雷公藤甲素

三、细胞凋亡研究历程

(一)凋亡概念的形成

1965年澳大利亚科学家John Kerr发现,结扎鼠门静脉后,电镜观察到肝实质组织中存在一些散在的显然不同于细胞坏死的死亡细胞,这些死亡细胞的溶酶体并未被破坏,细胞体积收缩、染色质凝集,从其周围的组织中脱落并被吞噬,机体无炎症反应,其称这种细胞死亡方式为"Shrinkage Necrosis"。1972年John Kerr等首次采用希腊语"Apoptosis"提出了细胞凋亡的概念,宣告了对细胞凋亡的真正探索的开始。在此之前,关于胚胎发育生物学、免疫系统的研究,肝细胞死亡的研究为这一概念的提出奠定了基础。

(二)细胞凋亡的形态学及生物化学研究阶段

(1)利用光镜和电镜对形态学特征进行了详细的研究。

(2)染色体DNA的降解:细胞凋亡的一个显著特征就是细胞染色质的DNA降解。

(3)RNA/蛋白质大分子的合成。

(4)钙离子变化,细胞内钙离子浓度的升高是细胞发生凋亡的一个重要条件。

(5)内源性核酸内切酶:细胞发生凋亡需要这种核酸内切酶参与。

(三)细胞凋亡的分子生物学研究阶段

(1)与细胞凋亡的相关基因及调控。

(2)细胞凋亡的信号转导。

(四)细胞凋亡的临床应用基础研究阶段

细胞凋亡研究的生命力在于最终能够有利于疾病机制的阐

明、新疗法的探索及应用。

第四节 细胞凋亡的生理学意义

细胞凋亡是细胞的一种基本生物学现象，在多细胞生物去除不需要的或异常的细胞中起着必要的作用，它在生物体的进化、内环境的稳定以及多个系统的发育中起着重要的作用。细胞凋亡对胚胎发育及形态发生（Morphogenesis）、组织内正常细胞群的稳定、机体的防御和免疫反应、疾病或中毒时引起的细胞损伤、老化、肿瘤的发生进展起着重要作用，并具有潜在的治疗意义，至今仍是生物医学研究的热点。

细胞凋亡是维持人体正常生理过程和功能所必需的，其具有重要的生物学作用，主要表现在以下几方面：

（1）确保正常生长发育：清除生长发育过程中的多余细胞或老化细胞，这种细胞大多在发育早期阶段死亡，例如，人胚胎肢芽发育过程中的指（趾）间组织通过细胞凋亡机制而被逐渐消除，形成指（趾）间隙。

（2）维持机体内环境稳定：细胞凋亡参与了正常成年组织细胞更新（如上皮组织、血细胞的更新，衰老细胞的清除）、生理器官的内分泌调控（如子宫产后复原，月经期子宫内膜的脱落）以及对受损不能修复的细胞或突变细胞的清除等重要生理过程。

（3）发挥积极的防御功能：当机体受到病原微生物感染时，宿主细胞发生主动凋亡。机体以牺牲自身个别细胞来清除外来物，保持自身整体的稳定，起到宿主防御作用。

总的来说，细胞凋亡与生命体的生长发育、机体防疫、损伤和衰老细胞的清除，以及癌细胞的防止发生和扩散有着密切的关系，是细胞的一种基本生物学现象。另外，细胞凋亡不仅是一种特殊的细胞死亡类型，而且具有重要的生物学意义及复杂的分子生物学机制。

第五节 细胞凋亡异常与疾病发生

细胞凋亡普遍存在于生物界，既发生于生理状态下，也发生于病理状态下。细胞凋亡的异常带来数目的失调、细胞种群及信号通讯的异常，导致疾病的发生，不能正常进行细胞凋亡过程的个体常伴有重大疾病的发生，如癌症、自身免疫疾病和病毒感染等。

细胞凋亡过多可引起疾病发生，如：①艾滋病的发展过程中，$CD4^+$ T 细胞数目的减少；②移植排斥反应中，细胞毒性 T 细胞介导的细胞死亡；③缺血及再灌注损伤，导致心肌细胞和神经细胞的凋亡增多；④神经系统退化性疾病[如老年痴呆症（Alzheimer）病、帕金森（Parkinson's）病]的重要原因是细胞凋亡的异常增加，神经细胞的凋亡参与老化及老年痴呆症病的发生；⑤暴露于电离辐射可引起多种组织细胞的凋亡。

细胞凋亡过少也可引起疾病发生，如：①肿瘤的发生，肿瘤的发生不仅存在细胞增殖和分化的异常，也存在细胞凋亡的异常，在肿瘤的发生过程中，诱导凋亡的基因如 P53 等失活、突变，而抑制凋亡的基因如 BCL-2 等过度表达，都会引起细胞凋亡显著减少，在肿瘤发病学中具有重要意义；②自身免疫性疾病的发生，细胞凋亡对于发育过程中潜在的自身反应淋巴细胞和免疫反应完成后剩余细胞的清除是非常重要的，如果细胞不能正常地清除发育过程中产生的自身免疫细胞或免疫反应中产生的突变免疫细胞，将会出现自身免疫疾病；③某些病毒能抑制其感染细胞的凋亡而使病毒存活，许多病毒，如腺病毒（Adenovirus）、牛痘病毒（Vaccinia Virus）、杆状病毒（Baculovirus）等，含有抑制凋亡的基因，宿主细胞感染病毒后获得凋亡抗性而长期存活，致使病毒能持续复制。

第二章　细胞凋亡的进程

细胞凋亡是由基因所决定的细胞自动结束生命的编程性死亡过程。细胞凋亡是渐进性的过程，在阶段上可以分为凋亡诱导期（早期阶段）、凋亡执行期（晚期阶段）以及凋亡消亡期（凋亡细胞被吞噬阶段）。在不同的凋亡阶段，细胞发生相应的细胞凋亡分子信号、产生不同的细胞应激反应并表现不同的细胞形态学等方面的表型。

第一节　细胞凋亡进程概述

细胞凋亡是在体内外因素诱导下，由基因严格调控而发生的一种生理性细胞自杀过程。细胞凋亡是一个主动的、基因控制的、由一系列酶参与的、高度有序的程序性过程，具体如图 2-1 所示。在接收到凋亡诱导因素刺激后，细胞启动凋亡信号（诱导期），通过信号转导等方式传递细胞凋亡信息、执行细胞凋亡的程序（执行期），最后凋亡的细胞被吞噬和分解、完成细胞凋亡过程（消亡期）。

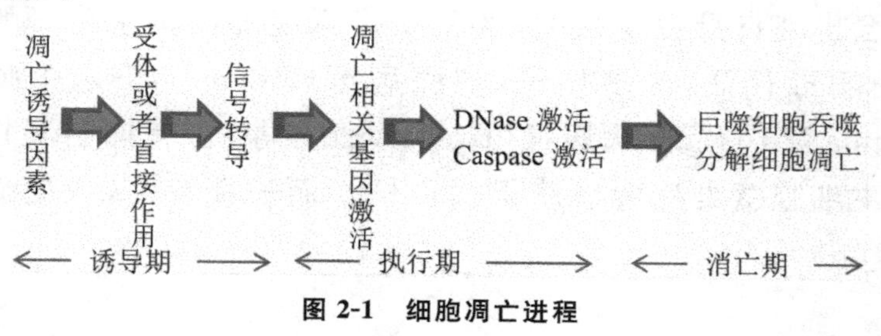

图 2-1　细胞凋亡进程

一、凋亡诱导期

凋亡诱导期(Induction Phase),此阶段主要接受来自内部或外部的死亡信号(Death Signals)并作出反应,即接受指令并决定死亡。凋亡因素通过作用于受体或者直接作用形式,诱导胞内信号转导,导致凋亡相关基因的激活。此阶段也称凋亡的激活期(Activation Phase)或者细胞凋亡早期,细胞没有明显的形态变化。

二、凋亡执行期

凋亡执行期(Execution Phase),即执行一套死亡程序。被激活的凋亡相关基因导致 Caspases 的级联激活及 DNase 的激活,造成核 DNA 的降解。

细胞凋亡的进程在形态学上分为三阶段:

1. 凋亡的起始(早期)

(1)细胞质及细胞器的变化。

细胞表面特化结构消失,内质网膨胀与质膜融合。①胞质浓缩:由于胞质脱水而导致细胞皱缩、致密及固缩(Condensation),是细胞凋亡形态学变化的一大特征;②细胞器变化:线粒体基本完好或嵴增多或变大、肿胀并空泡化。内质网腔扩大、增殖并在凋亡细胞形成自噬体过程中提供包裹膜。其他多数细胞器完整存在,变得致密。

(2)细胞核的变化。

染色质固缩,核内染色质浓缩,形成染色质块,并聚集在核膜的边缘,呈新月形、马蹄形或舟状分布,称为染色质边聚(Margination);或聚集在核中央,称为染色质中聚。随着染色质进一步聚集,核纤维层断裂消失,核膜在核膜孔处断裂,两断端向内包裹将聚集的染色质块分割，形成若干个核碎片（核残块）。

2. 凋亡小体（Apoptosis Body）形成

细胞凋亡晚期伴随凋亡小体（Apoptosis Body）的形成。核DNA在核小体连接处断裂成核小体片断，并向核膜下或中央异染色质区聚集形成浓缩的染色质块。随着染色质不断聚集，核纤维层断裂消失，核膜在核孔处断裂，形成核碎片。凋亡细胞经核碎裂形成的染色质块（核碎片），然后整个细胞通过发芽（By Budding）、起泡（By Zelosls）等方式形成一个球形的突起，并在其根部绞窄而脱落形成一些大小不等，内含胞质、细胞器及核碎片的凋亡小体；发芽后，凋亡小体逐渐与细胞分离。

3. 凋亡小体被吞噬

凋亡小体外膜上含磷酯酰丝氨酸（PS），PS是吞噬信号，凋亡小体被组织中吞噬细胞或组织细胞识别并吞噬，然后被溶酶体消化。在体外培养的细胞中，由于不能像体内一样进行正常的新陈代谢，往往认为凋亡小体脱落之后是以崩解而告终的。

三、消亡期

发生凋亡的细胞其细胞膜不对称性发生改变，磷酯酰丝氨酸翻转至胞外侧而被邻近细胞所识别。在组织中，凋亡的细胞被邻近的细胞（巨噬细胞）所吞噬并在吞噬细胞内降解，因此不会导致细胞内容物的释放。而对于体外培养的细胞，凋亡的细胞往往不能被邻近细胞所吞噬，而以崩解而告终。

第二节　细胞凋亡早期

细胞在胞内外凋亡因素（如诱导性因素：激素、生长因子、理化因素、免疫和微生物等)的作用下,通过膜受体或者其他途径启动胞内信号,如 Ca^{2+}、cAMP、神经酰胺等,激活凋亡相关的酶类(如 Bcl-2 家族)或其他基因的表达,引起细胞凋亡早期事件的发生。

细胞凋亡早期是一个比较模糊和宽泛的概念。大体上,可以这样划分细胞进程中的早期阶段:在体内外因素诱导下,细胞启动了凋亡机制,如凋亡相关基因被激活,线粒体膜电势的降低,细胞色素 C 进入胞浆,细胞内钙离子浓度上升等,但是细胞膜完整性还未遭到破坏的阶段。

在正常细胞中,磷脂酰丝氨酸只分布在细胞膜脂质双层的内侧。细胞发生凋亡早期,细胞膜表面的改变之一是磷脂酰丝氨酸(PS)从细胞膜内转移到细胞膜外,使 PS 暴露在细胞膜外表面。PS 是一种带负电荷的磷脂,正常主要存在于细胞膜的内面,在细胞发生凋亡时细胞膜上的这种磷脂分布的不对称性被破坏而使 PS 暴露在细胞膜外。

细胞凋亡早期普遍存在的细胞膜磷脂酰丝氨酸(PS)外翻现象可以被特异性抗体检测,膜联蛋白 V(Annexin V)可以特异性结合 PS,另外,凋亡早期细胞膜的完整没有被破坏,因此细胞对核酸染料碘化丙啶(Propidium Iodide,PI)是拒染的,目前 Annexin- V/PI 双染是广泛应用于细胞早期凋亡检测的方法。近年来的研究也表明,在凋亡过程中,细胞表面也有其他一些蛋白暴露在细胞膜外侧以便凋亡细胞被吞噬细胞清除,如膜联蛋白Ⅰ(Annexin Ⅰ)和钙网蛋白 (Calreticulin)等。

除了细胞膜不对称性发生改变外,可能还发生一系列其他细胞事件,如:

(1)凋亡相关基因被激活,启动者(Initiator) Caspases 被激活。

(2)细胞内钙离子浓度上升。

(3)线粒体膜电势的降低。

(4)细胞形态发生细胞收缩和核固缩。

在电镜下可见电子致密的物质聚集在核膜周围呈新月状或环状小体；细胞浆浓缩，内质网变疏松并与胞膜融合，形成一个个空泡。

正常细胞内 K^+ 浓度约为细胞外的 30 倍，细胞外 Na^+ 浓度约为细胞内的 12 倍，胞内 K^+ 外流导致电解质失衡也被认为是细胞早期凋亡的敏感信号。如：200μmol/L H_2O_2 诱导小鼠受精卵表现出细胞皱缩，钾离子外流（培养液中 K^+ 浓度升高到 1.4 ± 0.1 μmol/L)，而预处理 K^+ 离子通道抑制剂四乙基氯化铵后，培养液中 K^+ 浓度只剩（0.2 ± 0.1μmol/L)。

第三节　细胞凋亡晚期

晚期凋亡细胞胞膜完整性遭到破坏，因此呈现 PI 阳性，当然细胞膜破坏后 Annexin V-FITC 不但可以染到细胞膜外的 PS，而且可以进到细胞内染色膜内侧 PS。

细胞凋亡的晚期，执行者 Caspase 被激活，破坏细胞结构和引发 DNA 的片段化。细胞核裂解为碎块，有的凋亡细胞产生凋亡小体，但胞膜完整、线粒体结构无明显改变。

一般而言，细胞核 DNA 的片段化是细胞晚期事件。细胞凋亡中染色体 DNA 的断裂是个渐进的分阶段的过程，染色体 DNA 首先在内源性的核酸水解酶的作用下降解为 50～300kb 的大片段，然后大约 30％的染色体 DNA 在 Ca^{2+} 和 Mg^{2+} 依赖的核酸内切酶作用下，在核小体单位之间被随机切断，形成 180～200bp 核小体 DNA。在琼脂糖凝胶电泳中呈现特异的梯状（Ladder）图谱。

另外，广泛的蛋白质交联是凋亡细胞晚期的另一个生化事件特征，这是由于 Ca^{2+} 依赖性地组织转谷氨酰胺酶催化了胞内蛋白质的交联。

有的细胞凋亡会形成凋亡小体，事实上，并不是所有的凋亡细胞都会形成凋亡小体。凋亡小体的形成可以通过两种方式：

（1）通过发芽脱落机制：凋亡细胞内聚集的染色质块，经核碎裂形成大小不等的染色质块，然后整个细胞通过发芽、起泡等方式形成一个球形的膜包小体，内含胞质、细胞器和核碎片，脱落形成凋亡小体。

（2）通过自噬体形成机制：凋亡细胞内线粒体、内质网等细胞器和其他胞质成分一起被内质网膜包裹形成自噬体，与凋亡细胞膜融合后，自噬体排出细胞外成为凋亡小体。

在凋亡细胞小体形成过程中，细胞膜通道蛋白（Pannexin 1，PANX1）被认为起了核心的作用。PANX1 通道是跨越细胞膜的膜蛋白，在细胞凋亡过程中，PANX1 不仅释放出 ATP，而且控制着凋亡小体的形成。ATP 的释放可能诱使吞噬细胞前来吞食和消化凋亡细胞及其组分。当抑制 PANX1 通道时，凋亡小体的数量大增，而细胞解体出现异常，凋亡细胞会生出一种被称为 Apoptopodia 的丝状结构，阻止凋亡早期出现的细胞膜小泡解离。当 PANX1 通道活性正常时，这些丝状结构就不会出现。

第四节　凋亡细胞的吞噬

吞噬是细胞被其他细胞所吞食并消化的细胞事件，吞噬清除是后生动物大多数凋亡细胞的共同命运。凋亡细胞如果不被有效及时清除，它们就会发生次级的细胞坏死，细胞核膜和细胞核裂解，细胞解体，释放出有毒内容物，导致严重炎症和狼疮样自身免疫疾病的发生。

凋亡细胞和活细胞的正确区分是吞噬细胞实现吞噬清除的第一步。凋亡细胞表面发生变化，引发“噬我”信号，能够吸引吞噬细胞与之结合。细胞膜成分不对称性改变是凋亡细胞触发的一个重要“噬我”信号，磷脂酰丝氨酸（Phosphatidylserine，PS）从细胞膜内侧翻转到细胞膜外侧是被研究得比较清楚的一个“噬我”信号。另外在凋亡过程中，膜蛋白 Sialophorin/CD43(Cluster of Differentiation 43)、膜联蛋白Ⅰ(Annexin Ⅰ)和内质网分子伴侣钙网蛋白(Calreticulin)在细胞膜外侧分布也促进了凋亡细胞被吞噬细胞的吞噬。

活细胞细胞膜脂质双层脂分子是不对称分布的，几乎所有含有末端氨基的磷脂如磷脂酰乙醇胺(Phosphatidyl Ethanolamine，PE)和 PS 都分布在细胞膜脂质双层内层，而另一些磷脂如磷脂酰胆碱(Phosphatidylcholines，PC)主要分布在脂质双层外层。细胞膜脂质双层磷脂这种不对称分布由 ATP 依赖型氨基磷脂移位酶(Aminophospholipid Translocase)和倒换酶(Scramblase)活性平衡维持。当凋亡细胞发生时，维持磷脂在细胞膜内层和外层之间交换的移位酶和倒换酶的活性被改变，导致细胞膜内、外层磷脂不对称分布被破坏，主要分布于细胞膜磷脂双层膜内层的 PS 被转运到细胞膜外层而暴露在凋亡细胞的表面。

吞噬细胞对凋亡细胞的特异性识别通过受体-配体互作完成。吞噬细胞受体可以直接和凋亡细胞配体结合，也可以通过在配体和受体之间形成“桥”的连接分子如调理素与凋亡细胞上特定的“噬我”信号分子间接结合。哺乳类吞噬细胞存在数种锚定于细胞膜上的 PS 受体(PS Receptors)，包括精巢支持细胞上 B 类清道夫Ⅰ型受体(SRBⅠ)、内皮细胞凝集素样氧化低密度脂蛋白受体 1(LOX-1)、整连素(A Disintegrin and Metalloproteinase)、膜联蛋白和 Mer 受体酪氨酸激酶等。这些受体需要通过连接分子而被吸引向 PS 并与之结合。具有吞噬能力的细胞叫吞噬细胞，哺乳动物体内吞噬细胞可以分成两类：以巨噬细胞为代表的吞噬细胞、在需要时才执行吞噬功能的其他细胞。目前认为，发生凋亡的细胞有两种被吞噬形式：Ⅰ型吞噬和Ⅱ型吞噬。当吞噬细胞表面受体被凋亡细胞激活时，就会诱发吞噬作用。在与凋亡细胞结合的同时，吞噬细胞受体向细胞内传递信号，在多数情况下导致细胞骨架重组，吞噬细胞膜延伸并包裹凋亡细胞，这种吞噬方式称为Ⅰ型吞噬。而Ⅱ型吞噬方式中，吞噬细胞的细胞膜并不延伸，凋亡细胞好像是“陷入”到吞噬细胞中。吞噬细胞的膜受体决定了吞噬细胞采用何种方式吞噬凋亡细胞；受体不同，吞噬方式也不同。Ⅰ型吞噬方式一般由免疫球蛋白 Fc 受体诱导，而Ⅱ型吞噬方式是由补体受体诱导的。

第三章　细胞凋亡的形态发生及事件

细胞凋亡是细胞自主的有序性死亡，细胞凋亡时细胞质、细胞核和细胞膜会发生一系列物理和生物化学上的变化。在细胞凋亡时，细胞收缩，细胞结点不再相连，与邻近细胞的联系断绝并且脱离后细胞膜皱缩而发生内陷。在细胞质中，内质网肿胀积液形成液泡。在细胞核内，染色质逐渐凝集成新月状，附在核膜周边，嗜碱性增强，最终细胞核裂解为由核膜包裹的碎片。这些变化导致细胞裂解为由细胞膜包裹细胞内容物的凋亡小体。

虽然凋亡细胞的检测方法逐渐增多，但基于细胞形态学改变的检测方法依然是确定细胞凋亡的最可靠的方法。本章介绍在细胞凋亡过程中细胞核、细胞质的形态学变化特征，在分子水平上细胞质膜、线粒体在细胞凋亡早期发生的变化，最后介绍了自由基代谢异常对细胞凋亡的诱导作用。

第一节　细胞形态的变化

细胞形态学是研究细胞及各组成部分的显微结构和亚显微结构，包括表现细胞生命现象的生物大分子结构的科学。细胞发生凋亡时，在形态学上发生一系列跟凋亡阶段相应的改变。细胞凋亡的命名主要是根据某些单个细胞死亡时细胞碎裂如花瓣或树叶散落般的形态学特征。总的来说，伴随着凋亡的发生进程，细胞形态结构可发生一系列改变，如细胞与周围细胞群脱离，表面原有的微绒毛、细胞间连接消失，细胞核糖体逐渐从粗面内质网上脱离，内质网囊腔扩张消失，细胞空泡化，胞体固缩变小，染色质也浓缩，后期有的细胞会产生自噬体（Autophagosome）、有的细胞会以出芽等方式形成凋亡小体（第二章中已经提到过，有的细胞凋亡并不形成凋亡小体，而形成 Apoptopodia 的丝状结构），最后胞体进一步皱缩并形成不规则形状，染色质边集化，见图 3-1。

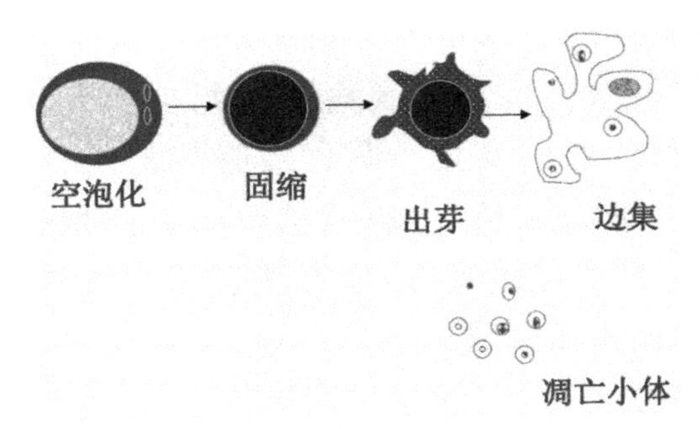

图 3-1　细胞凋亡过程中的形态学变化

线粒体形态在凋亡早期没有发生明显的变化，但是在凋亡晚期会发生浓缩（Condensed）或肿胀、空泡化。

细胞凋亡形态的变化直接来自于显微镜的观察，不同的观察手段对凋亡细胞形态信息的获得有差异。目前常用的观察手段有光学显微镜观察、视频时差显微技术（Video Time-lapse Microscopy）、电子显微镜观察等，其中透射电子显微镜（TEM）观察是研究细胞凋亡的经典观察方法、也是描述细胞凋亡的经典“金标准”。另外，由于细胞形态学的改变导致细胞对光散射行为的改变，因此细胞的光散射特征也常常作为细胞凋亡发生的一个辅助判断指标。

一、光学显微镜观察

凋亡细胞的主要特征为核致密深染，形成致密质块，有时可碎裂。在 HE 染色的组织切片中细胞体积缩小，胞质致密、嗜酸性染色增强，并可形成凋亡小体。在组织中凋亡细胞常以分散单个形式存在，凋亡细胞与周围细胞分离，不引起炎症反应。本方法简便易行，但在细胞密集的组织中对于改变不典型的细胞判断较困难，常缺乏较为有特征的指标，具有较强的主观性，重复性差。本方法可用于细胞凋亡现象的初步观察。

二、视频时差显微技术

视频时差显微技术（Video Time-lapse Microscopy）用于细胞培养，通过相差显微镜可动态观察细胞凋亡的变化过程，尤其是观察细胞表面和外形的变化。凋亡细胞与基质分离，胞体变圆、收缩、出泡，有的细胞拉长，出现钉状突起，持续数小时后细胞膜破裂，细胞溶解，通过连续观察，本方法可用于体外培养中的凋亡细胞，但不能用于病理组织。

三、电子显微镜观察

电子显微镜，包括透射电镜和扫描电镜，可以观察凋亡细胞的超微结构特征、凋亡细胞的典型形态改变。

电镜下细胞凋亡的形态学变化是多阶段的，可分为：①细胞浆浓缩，核糖体、线粒体等聚集，细胞体积缩小，结构更加紧密；②染色质逐渐凝聚成新月状附于核膜周边，嗜碱性增强。细胞核固缩呈均一的致密物，进而断裂为大小不一的片段；③胞膜不断出芽、脱落，细胞变成数个大小不等的由胞膜包裹的凋亡小体（Apoptosis Body）。凋亡小体内可含细胞浆、细胞器和核碎片，有的不含核碎片；④凋亡小体被具有吞噬功能的细胞如巨噬细胞、上皮细胞等吞噬、降解；⑤凋亡发生过程中，细胞膜保持完整，细胞内容物不释放出来，所以不引起炎症反应。

本方法的缺点是样品制作过程较复杂，且仪器、设备的费用昂贵，较难广泛大量开展。由于样品范围局限，在凋亡细胞数较少时需进行大量的观察才能观察到典型的凋亡改变。

四、光散射技术观察

凋亡细胞的光散射特征可以用流式细胞仪来测量，细胞穿过流式细胞仪的激光束集点时使激光发生散射，分析散射光可以提供细胞大小及结构的信息。散射光包括前向散射光（Forward Scattered Light，FSC）和侧向角散射光（Side Scatter，SSC）两种，前向散射光的强度与细胞大小、体积相关，侧向角散射光的强度与细胞结构的折射性、颗粒性（Granularity）有关。细胞凋亡过程中出现的形态改变如细胞皱缩、胞膜起泡、核浓缩和碎裂等可以使光散射特性发生改变。早期凋亡细胞主要表现为前向散射光减弱而侧向角散射光增强或不变，前者反映了细胞的皱缩，后者反映了细胞的核浓缩及碎裂。晚期凋亡细胞的前向散射光和侧向角散射光均减弱。

但是光散射特征改变并非凋亡细胞所特有，细胞的机械性损伤和细胞坏死也可以使前向散射光减弱。因此，光散射特性不能作为单独的反映细胞凋亡的检测指标，只有与其他荧光参数结合起来才能准确地辨认凋亡细胞。

第二节　细胞核的变化

细胞凋亡的一个显著特点是细胞染色体的 DNA 降解，这是一个较普遍的现象。因此在细胞凋亡过程中，细胞核也发生一系列的形态学变化，并且细胞核形态学变化是形态学上判断细胞凋亡的一个“金标准”。

细胞凋亡中当执行者 Caspase 被激活后，导致具有细胞骨架调节功能的蛋白质的降解，如细胞肌动蛋白（Actin）、成簇黏附激酶（Focal Adhesion Kinase，FAK）、p21 活性激酶（p21-activated Kinase，PAK2）等，引起细胞骨架结构的重组。进一步地，核酸内切酶（Endonuclease）的激活引发 DNA 的片段化。细胞核 DNA 的片段化是细胞晚期事件。DNA 的片段化降解是非常特异并有规律的，细胞凋亡中染色体 DNA 的断裂是个渐进的分阶段的过程，染色体 DNA 首先在内源性的核酸水解酶的作用下降解为 50～300kb 的大片段，然后在 Ca^{2+} 和 Mg^{2+} 依赖的核酸内切酶作用下，在核小体与核小体的连接部位切断染色体 DNA，产生不同长度的寡聚核小体片段，所产生的不同长度的 DNA 片段约为 180～200bp 的整倍数。

在形态上，细胞凋亡过程中细胞核染色质凝集、分块成新月状附于核膜周边，嗜碱性增强，细胞核固缩呈均一的致密物，进而断裂为大小不一的片段。随着凋亡进程的加重，胞质进一步凝缩，最后细胞核断裂，有些凋亡细胞通过出芽的方式形成许多大小不等的由胞膜包裹的凋亡小体（Apoptosis Body）；凋亡小体内可含有细胞浆、结构完整的细胞器和凝缩的染色体碎片，有的不含核碎片。

通过核酸染色-光学显微镜成像（如 DAPI 染料 DNA 染色，见图 3-2 ）或者电子染色-电子显微镜观察细胞核（如图 3-3～图 3-6所示）在细胞凋亡过程中的变化特征。

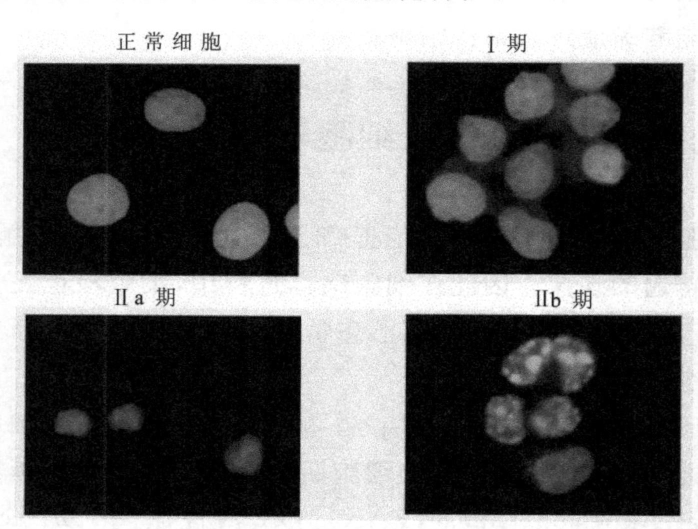

图 3-2　HeLa 细胞凋亡过程中 DAPI 染料染色的细胞核染色质的形态学变化

由图 3-2 可知，正常细胞核染色均一，细胞核边沿光滑，细胞凋亡早期(Ⅰ期):细胞核呈波纹状(Rippled)或呈折缝样(Creased),部分染色质出现浓缩状态;细胞凋亡中晚期(Ⅱa期):细胞核的染色质高度凝聚、边缘化;细胞凋亡晚期(Ⅱb期):细胞核裂解为碎块,产生凋亡小体。

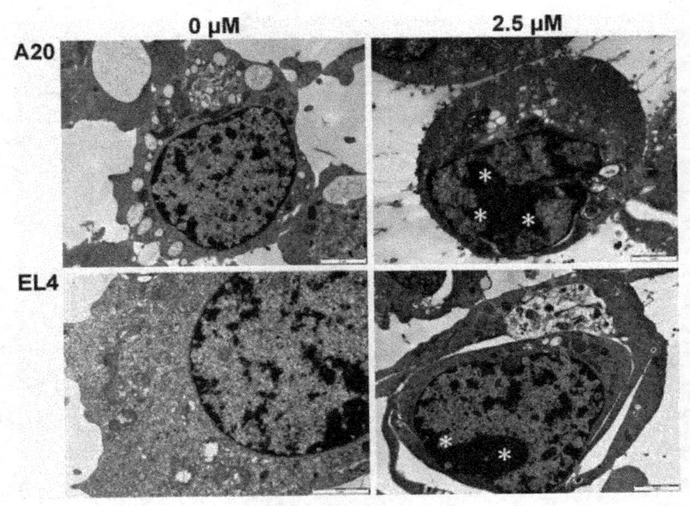

图 3-3　淋巴瘤细胞凋亡和自噬的 TEM 检测

2.5μmol/L 氟伐他汀(Fluvastatin)孵育淋巴瘤细胞(A20 和 EL4 细胞系)24h。下图箭头指向自噬体,上图星号表明核固缩。(图片来源于 Qi XF,et. al. Cancer Cell Int,2013)

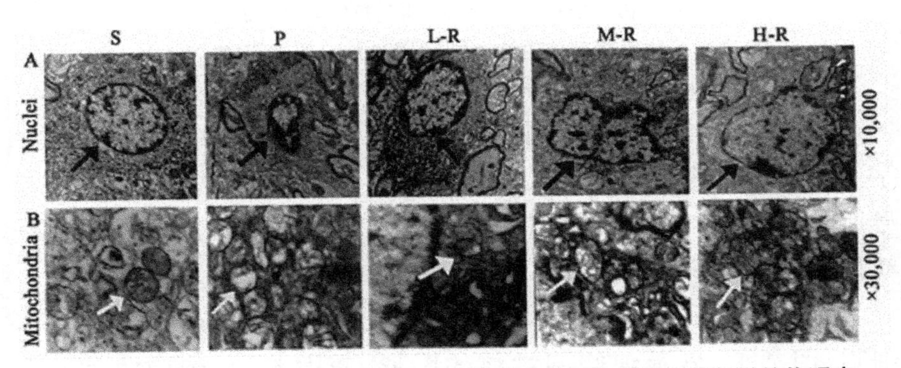

图 3-4　6-OHDA 诱导的帕金森病的大鼠模型中纹状体透射电镜超微结构观察

(图片来源于 Jiang J. et. al. Int J Mol Med,2013)

图 3-4 中,不同剂量[低剂量的雷帕霉素治疗(L-R),中等剂量的雷帕霉素(M-R)和高剂量的雷帕霉素(H-R)]雷帕霉素显著提高(A)超微结构的原子核(黑箭头,×10000 倍)和(B)线粒体

（白箭头，×30000 倍）。与溶剂对照组（P）（细胞核固缩；线粒体肿胀，空泡化明显，嵴减少、扭曲甚至消失）相比，假手术组（S）大鼠表现出完整的细胞核和线粒体。

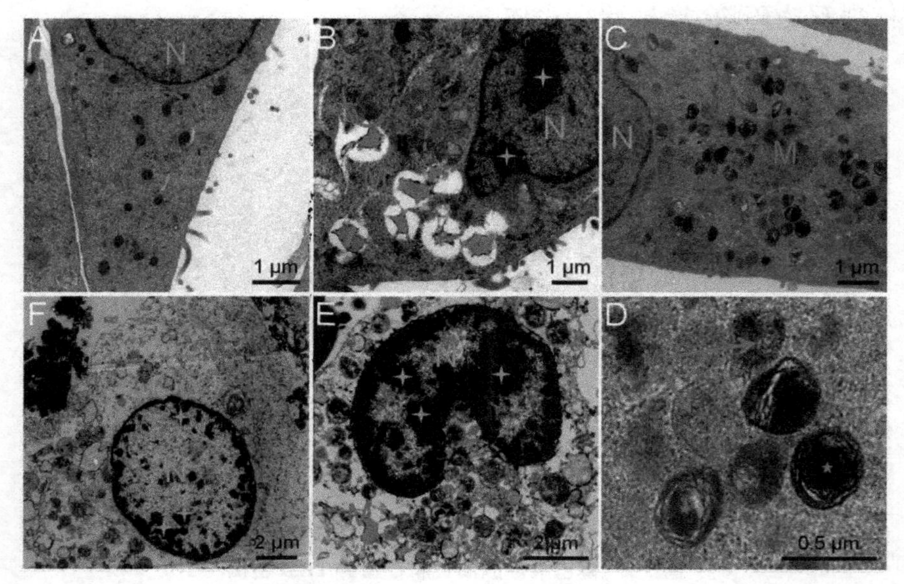

图 3-5　双靶向促凋亡肽（Dual-targeting Pro-apoptotic Peptide，DTP）诱导人口腔表皮癌细胞凋亡 TEM 图像分析

A 空白对照组；B、C 20μmol/L DTP 孵育 12h；

D 来自 C 中圆圈部分的放大图；E、F20μmol/L DTP 孵育 24h

（图片来源于 Chen WH，et. al. Scientific Reports，2013）

图 3-5 中，线粒体 M 用圆圈和红五角星显示，细胞核 N 用十字星号显示。药物处理后，细胞核浓缩、分成块状边集化（十字星号所示）；线粒体肿胀（圆圈中所示）、空泡化（五角星中所示），线粒体膜损伤、基质内容物外漏（箭头所示）。

图 3-6 表示不同的凋亡阶段细胞形态：图 1 显示正常的扁平细胞，图 2～5 显示细胞凋亡前的圆形、表面起泡、细胞收缩细胞形态，图 6 显示典型的细胞凋亡形态。

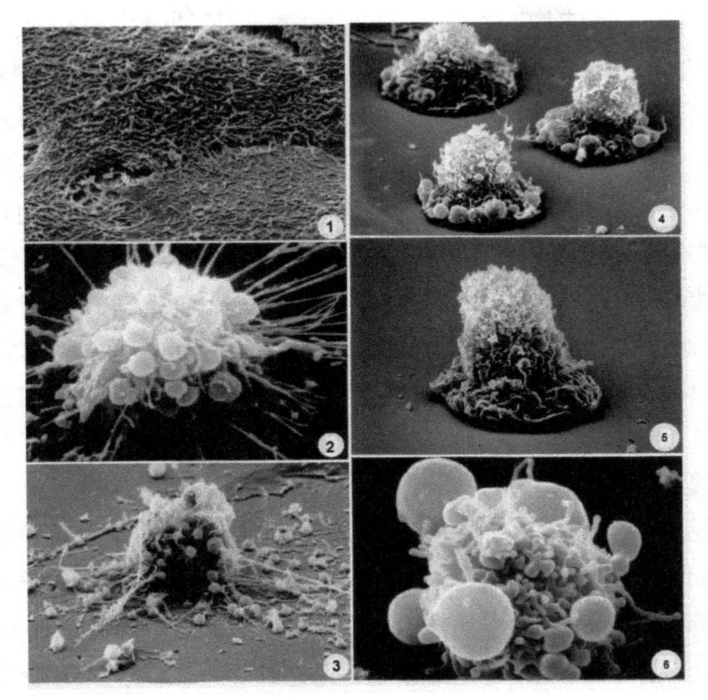

图 3-6　扫描电镜(Scanning Electron Microscopy)下发生凋亡表皮细胞形态
(图片来源于意大利高等卫生研究院超微结构和病毒学实验室)

第三节　细胞膜早期分子变化

细胞膜(Cell Membrane)是细胞与环境间的屏障,是维持细胞内环境稳定、调节细胞正常生命活动的重要物质结构基础。细胞膜最重要的特性之一是半透性或选择性透过性,即有选择地允许物质通过扩散、渗透和主动运输等方式进入细胞,从而保证细胞正常代谢的进行。

不同细胞的细胞膜的化学组成基本相同,主要由脂类、蛋白质和糖类组成。各成分含量分别约为 50%、42%、2%~8%。此外,细胞膜中还含有少量水分、无机盐与金属离子等。J. D. Robertson(1959 年)用超薄切片技术获得了清晰的细胞膜照片,显示暗-明-暗三层结构，厚约7.5nm，这就是所谓的“单位膜”模型。它由厚约3.5nm的双层脂分子和内外表面各厚约2nm的蛋白质构成。单位膜模型的不足之处在于把膜的动态结构描写成静止不变的。流动镶嵌模型认为细胞膜由流动的脂双层和嵌在其中的蛋白质组成；磷脂分子以疏水性尾部相对，极性头部朝向水相组成生物膜骨架，蛋白质或嵌在脂双层表面，或嵌在其内部，或横跨整个脂双层，并表现出分布的不对称性。细胞膜的不对称性主要指细胞质膜脂双层中各种成分(如膜脂、膜蛋白及膜糖等)不是均匀分布的，包括种类和数量的不均匀。膜成分在细胞膜内外分布的不对称性导致了膜功能的不对称性和方向性，保证了生命活动的高度有序性。

细胞凋亡早期，细胞膜完整性(如细胞膜的通透性)并没有发生变化，但是在分子水平上，一些对凋亡信号敏感的分子在细胞膜的分布水平上已经开始发生变化。磷脂酰丝氨酸(Phosphatidylserine，PS)是细胞膜的重要组成成分之一，其能影响着细胞膜的流动性、通透性，并且能激活多种酶类的代谢和合成。在正常细胞中，磷脂酰丝氨酸只分布在细胞膜脂质双层的内侧。当细胞发生凋亡早期，磷脂酰丝氨酸(PS)从细胞膜内转移到细胞膜外，使PS暴露在细胞膜外表面。一些膜联蛋白也被认为在细胞凋亡早期发生重新分布现象。膜联蛋白在进化上较为保守，大多数的膜联蛋白属于胞内蛋白，约占细胞总蛋白的2%。膜联素蛋白在胞内可以游离形式存在，也可以与细胞膜骨架相结合。由于膜联素蛋白具备与Ca^{2+}结合的能力，因此膜联素蛋白能够参与一系列的依赖于Ca^{2+}的膜生物学活动。近年来的研究表明，在凋亡过程中，膜联蛋白Ⅰ(Annexin Ⅰ)从细胞质转位到细胞表面。另外，胞质蛋白钙网蛋白(Calreticulin)在细胞凋亡过程中也存在细胞膜表面分布和聚集成簇的现象。这些分子在细胞膜外侧的暴露提供了凋亡细胞被吞噬细胞识别和清除的作用信号。

第四节　线粒体膜电位变化

线粒体(Mitochondrion)是一种存在于大多数细胞中的由两层膜包被的细胞器,其是细胞能量的主要产生场所,能高效地将有机物中储存的能量转换为细胞生命活动的直接能源三磷酸腺苷(ATP)。除了供能外,线粒体还参与诸如细胞生长、分化、细胞信息传递和细胞凋亡等过程。

一、化学组成

线粒体的化学组分主要包括水、蛋白质和脂质,此外还含有少量的辅酶等小分子及核酸。蛋白质占线粒体干重的65%~70%。线粒体中的蛋白质既有可溶的也有不溶的。可溶的蛋白质主要是位于线粒体基质的酶和膜的外周蛋白;不溶的蛋白质构成线粒体膜的本体,其中一部分是镶嵌膜蛋白,也有一些是酶。线粒体中脂类主要分布在两层膜中,占干重的20%~30%。在线粒体中的磷脂占总脂质的3/4以上。

二、形态与分布

线粒体一般呈粒状或杆状,但因生物种类和生理状态而异,可呈环形、哑铃形、线状、分杈状或其他形状。一般直径0.5~1.0 μm,长1.5~3.0μm,在胰脏外分泌细胞中可长达10~20μm,称巨线粒体。

一个细胞中含线粒体的数目一般数百到数千个不等;肝细胞约1300个线粒体,占细胞体积的20%;许多哺乳动物成熟的红细胞中无线粒体。

线粒体通常结合在微管上,分布在细胞功能旺盛的区域。如在肝细胞中呈均匀分布，在肾细胞中靠近微血管，呈平行或栅状排列，肠表皮细胞中呈两极性分布，集中在顶端和基部，在精子中分布在鞭毛中区。线粒体在细胞质中可以向功能旺盛的区域迁移，微管是其导轨，由马达蛋白提供动力。

三、超微结构

线粒体由内外两层膜封闭，包括外膜、内膜、膜间隙和基质四个功能区隔。

(一)外膜(Out Membrane)

具有孔蛋白(Porin)构成的亲水通道，允许相对分子质量为5kd以下的分子通过，1kd以下的分子可自由通过。标志酶为单胺氧化酶。

(二)内膜 (Inner Membrane)

含100种以上的多肽，蛋白质和脂类的比例高于3∶1。心磷脂含量高(达20%)、缺乏胆固醇，类似于细菌。通透性很低，仅允许不带电荷的小分子物质通过，大分子和离子通过内膜时需要特殊的转运系统，如丙酮酸和焦磷酸是利用H^+梯度协同运输。内膜的高度不通透性对建立质子电化学梯度、驱动ATP合成有极其重要的作用。

内膜向线粒体基质褶入形成嵴(Cristae)，嵴能显著扩大内膜表面积(达5～10倍)。嵴上覆有基粒(Elementary Particle)，即ATP合酶(ATP Synthase)，基粒由头部(F1偶联因子)和基部(F0偶联因子)构成，F0嵌入线粒体内膜。除了ATP合酶外，内膜上还存在一些载体蛋白和通道，如质子泵、电子传递链、腺苷酸转位子、Ca^{2+}单向转运孔、通透性转换孔、去偶联蛋白、内膜阴离子通道等，便于物质运输。线粒体氧化磷酸化的电子传递链位于内膜，因此从能量转换角度来说，内膜起主要的作用。内膜的标志酶为细胞色素C氧化酶。

在线粒体内、外膜之间存在线粒体通透性转变孔(Mitochondrial Permeability Transition Porin,MPTP)。MPTP是一种非特异性通道,其分子组成尚未完全清楚,通常认为是一个蛋白复合体,包括内膜蛋白[如腺嘌呤核苷酸转位蛋白(ANT)]和外膜的电压依赖的阴离子通道蛋白(VDAC)及线粒体基质中亲环蛋白——亲环素D(Cyclophilin D)等,MPTP桥连线粒体内、外膜形成孔道。

(三)膜间隙(Intermembrane Space)

是内、外膜之间的腔隙,延伸至嵴的轴心部,腔隙宽约6～8nm。由于外膜具有大量亲水孔道与细胞质相通,因此膜间隙的pH值与细胞质的相似。膜间隙内充满无形性液体,含有细胞色素C、Caspase酶原、腺苷酸激酶(Adenylate Kinase,AK)和凋亡诱导因子(Apoptosis Inducing Factor,AIF)等,标志酶为腺苷酸激酶。

(四)基质(Matrix)

为内膜和嵴包围的空间。除糖酵解在细胞质中进行外,其他的生物氧化过程都在线粒体中进行。内含可溶性蛋白胶状物质,具有一定的pH值和渗透压,催化三羧酸循环,脂肪酸和丙酮酸氧化的酶类均位于基质中,其标志酶为苹果酸脱氢酶。

基质具有一套完整的转录和翻译体系。包括线粒体DNA(mtDNA),70S型核糖体,tRNAs、rRNA、DNA聚合酶、氨基酸活化酶等。

基质中还含有纤维丝和电子密度很大的致密颗粒状物质,内含Ca^{2+}、Mg^{2+}、Zn^{2+}等离子。

四、线粒体膜电位与细胞凋亡

质子泵(H^+ ATPase)存在于线粒体内膜,在氧化磷酸化过程

中可将基质内 H^+ 以浓度梯度泵入膜间隙。质子跨膜转运使得线粒体膜间隙积累大量的 H^+，在内膜的外侧和内侧形成 H^+ 浓度梯度，因此在线粒体膜间隙产生大量正电荷，而线粒体基质产生大量负电荷，内膜两侧形成电位差，从而产生跨内膜的线粒体膜电位(Mitochondrial Membrane Potential，MMP)。因此，H^+ 跨过内膜向膜间隙的转运过程其实是一个线粒体膜电位形成过程。线粒体内膜呼吸链中有三个酶复合体具有质子泵功能，能将 H^+ 由内腔转运到外腔，它们是：细胞色素 C 氧化 NADH 脱氢酶(NADH Dehydrogenase)(复合物Ⅰ)、辅酶 QH2-细胞色素 C 还原酶(复合物Ⅲ)、细胞色素 C 氧化酶(复合物Ⅳ)，见图 3-7。

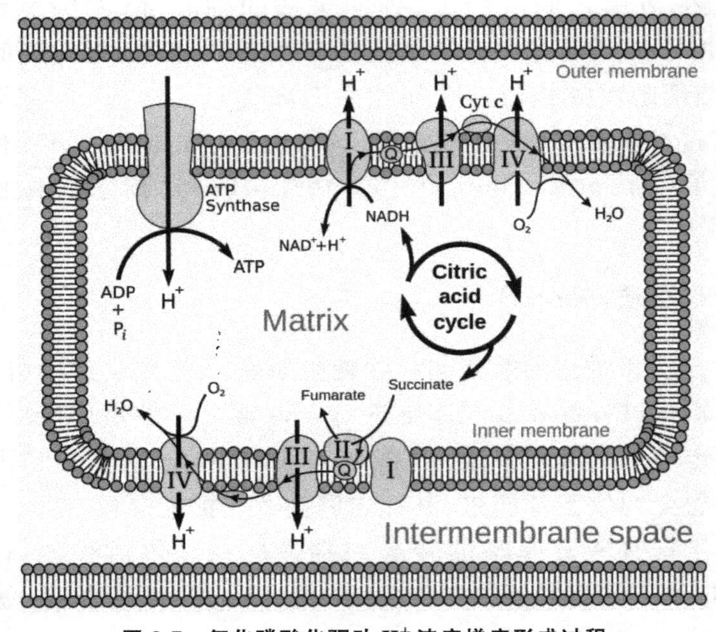

图 3-7　氧化磷酸化驱动 H^+ 浓度梯度形成过程

一般认为，在活细胞和机体内线粒体膜电位为 130～150mV，Kaim 和 Dimroth(1999 年)认为膜电位为 120mV 时 ATP 合成达到饱和。太高的膜电位(大于 140mV)使得质子漏指数增长、反馈抑制膜电位的继续增高。体外分离得到的线粒体膜电位较高，达到 180～200mV，甚至更高。线粒体膜电位的高低可与细胞活性状态有关，在机体衰老过程中伴随着线粒体膜电位的下降。有报道，正常年轻大鼠肝细胞线粒体膜电位为 154mV，而老年大鼠肝细胞线粒体膜电位在 60～80mV。

正常线粒体膜电位是维持线粒体进行氧化磷酸化、产生 ATP 的前提，是保持线粒体功能所必需，而膜电位的改变与细胞凋亡通路之一线粒体通路密切相关。正常生理情况下，MPTP 允许相对分子质量<1.5kd 的分子自由通过，通过氧化磷酸化驱动质子泵来维持线粒体膜电位及细胞内外的离子平衡。但在凋亡信号刺激下 MPTP 完全开放，破坏了内膜的完整性，引起：①离子平衡紊乱，如胞质内的质子增多，pH 值下降，钙超载，氧化磷酸化解耦联，ATP 水平迅速下降等一系列凋亡事件的发生；②膜电位去极化，基质肿胀，使膜间蛋白如细胞色素 C、凋亡诱导因子、核酸内切酶等释放入胞质，通过启动半胱天冬氨酸蛋白酶（Caspase）依赖性或非依赖性的级联反应机制，诱导细胞凋亡。另外线粒体膜电位也可能反馈作用于 MPTP 的开放与关闭，VDAC 是电压依赖的，如有研究表明，人造双分子层中重构的 VDAC 在 30mV 以下、孔径为 4nm 时，对阴离子有选择性，而在 30mV 以上、孔径为 2nm 时，对阳离子有选择性。

在细胞凋亡过程中，特别是凋亡晚期线粒体结构会发生一些显著变化。在凋亡早期，线粒体外膜通透性增加，一些可溶性蛋白从膜间隙释放到胞浆，但线粒体在形态学上并没有明显的变化，在上一节中已经介绍了细胞凋亡过程中的形态变化，这里不再赘述。

在细胞凋亡诱导因素作用下，线粒体维持跨内膜 H^+ 浓度梯度能力下降，导致线粒体膜电位的降低和线粒体产生 ATP 能力的降低。在众多因素诱导的细胞凋亡中，在细胞形态学改变之前均出现线粒体膜电位的下降，线粒体膜电位的下降也早于胞膜磷脂酰丝氨酸外翻、蛋白酶（Caspase-3）激活和 DNA 片段化等变化。因此，线粒体膜电位下降发生在细胞凋亡的早期阶段。另外，抑制线粒体膜电位的下降，可能阻抑细胞凋亡的发生，说明线粒体膜电位下降为凋亡的特征性改变。

第五节　自由基代谢异常

自由基(Free Radical,FR),化学上也称为“游离基”,是含有一个不成对电子的原子团、分子或离子。由于这些含有不对称的物质在形成稳定分子时,化学键中的电子必须成对出现,因此自由基需要夺取其他物质的一个电子,使自己形成稳定的物质(氧化过程),而导致其他物质失去电子(还原过程)。自由基的种类很多,研究较多的是以氧(O)、碳(C)、氮(N)为中心的活性基团,在生物体中主要存在的自由基是氧自由基(活性氧)、活性氮自由基和脂自由基,例如超氧阴离子自由基、羟基自由基、脂氧自由基、二氧化氮、一氧化氮、烷烃自由基等。另外,过氧化氢(H_2O_2)、单线态氧和臭氧,严格意义上不是氧自由基,但有时也通称活性氧。在生物体系内,活性氧(Reactive Oxygen Species,ROS)的种类很多,对活性氧及其产物的研究最为活跃,其占机体内总自由基研究报道的95%以上,其中超氧阴离子、过氧化氢和羟基自由基最为典型,分别代表活性氧的生成、信号效应分子和毒性分子。活性氮自由基是继活性氧之后生物自由基领域中的又一新的研究前沿。

正常的生理活动需要适度的ROS存在,ROS参与了很多的生理过程,如生物产能反应需要自由基的引发并进行电子传递,参与吞噬细胞杀伤杀灭外来有害微生物、细菌、病原微生物和肿瘤细胞以进行免疫保护,一些自由基还作为信号分子参与信号转导过程。

活性氧的信号比较典型的模式是过氧化氢对半胱氨酸的氧化调节。半胱氨酸含有一个巯基Cys－SH,在生理条件下蛋白质中的半胱氨酸巯基会水解出一个氢离子,成为巯基阴离子$Cys-S^-$,巯基阴离子比巯基对氧化更敏感。当细胞内过氧化氢水平增加时,能将巯基阴离子氧化为半胱次磺酸(Cysteine Sulfenic Acid,Cys－

SOH)，这一变化能引起蛋白发生变构，影响蛋白质的功能。但是半胱次磺酸不稳定，能被硫氧还蛋白还原酶(Thioredoxin Reductase)和谷氧还蛋白(Glutaredoxin，GRX)还原成半胱氨酸。

可见，巯基阴离子被过氧化氢氧化为半胱次磺酸属于可逆过程，这也符合信号调节的最常见模式。细胞内过氧化氢浓度达到10^{-9}mol/L 水平时，巯基阴离子即发生氧化。随着过氧化氢浓度的增加，半胱次磺酸可被进一步氧化，形成半胱亚磺酸或半胱硫磺酸，而后两者不能被还原，蛋白质则发生不可逆永久性损伤。因此，细胞内过氧化氢浓度必须维持在一定的正常范围，才能保持细胞免受氧化损伤。

因此机体需要适度的氧化还原环境，生物体内存在自由基的产生和清除的平衡机制。体内自由基的稳态平衡需要氧化(自由基的产生)与抗氧化(自由基的清除)系统来实现，体内自由基与清除酶系统失衡紊乱会造成体内自由基代谢异常。过多的活性氧自由基会对人体正常细胞和组织造成损坏，从而引起多种疾病发生。如心脏病、老年痴呆症、帕金森病和肿瘤等。

一、活性氧自由基的产生

自由基的形成有 3 种方式：①共价键的均裂；②单电子丢失；③单电子获得。体内氧自由基的来源主要有两方面：

(一)外源性自由基

外源性自由基，如电离辐射、某些药物、酒精、吸烟或高氧中毒等。

(二)内源性自由基

内源性自由基是机体在代谢过程中产生的自由基，体内存在众多内源性自由基产生的途径，生物氧化还原过程均可能产生活性氧，这里列举一些主要的活性氧产生途径：

(1)线粒体氧化磷酸化过程被认为是体内氧自由基主要来源之一。细胞中线粒体是产生 ROS 的主要部位。ROS 的产生与 ATP 的代谢密切相关,在线粒体的产能过程中,只有少量的电子通过了电子传递链,剩余的大部分电子都在线粒体的复合体Ⅰ和复合体Ⅲ中与 O_2 发生反应,产生超氧阴离子自由基($\cdot O_2^-$),并转化为活性氧自由基。

(2)吞噬细胞的“呼吸爆发”,在补体、白三烯或者其他内毒素的刺激下,吞噬细胞的氧摄取量增加,其细胞膜上的 NADPH 氧化酶(NADPH Oxidase,NOX)活性增高,将 O_2 生成 $\cdot O_2^-$。

(3)红细胞内的氧合红蛋白可以自发转变为高铁红蛋白,从而 Fe^{2+} 供出电子给 O_2,生成 $\cdot O_2^-$。

(4)细胞内有的酶促反应以 O_2 为氢受体,H_2O_2 可以与 $\cdot O_2^-$ 在 Fe_2^+ 或 Cu^+ 存在下生成羟基自由基($\cdot OH$),例如芬顿(Fenton)反应。

(5)微粒体功能混合氧化酶在催化药物等非营养物质羟基化时,有黄素蛋白、细胞色素 P450 及 O_2 的参与,反应中有 $\cdot O_2^-$ 的生成。

(6)体内的醌类物质化合物,如辅酶 Q 的代谢产物在氧化还原中生成半醌自由基,后者将电子交给 O_2 生成 $\cdot O_2^-$。

(7)黄嘌呤氧化酶。黄嘌呤氧化酶(Xanthione Oxidase,XO)的前体是黄嘌呤脱氢酶(Xanthine Dehydrogenase,XDH),存在于毛细血管内皮细胞内,正常情况下两者的比例为 90%的 XDH、10%的 XO。当缺血时由于 ATP 减少,膜泵功能失灵,导致 Ca^{2+} 依赖性蛋白水解酶 XDH 大量转变为 XO 和次黄嘌呤,结果黄嘌呤大量堆积。当复氧时,大量的分子氧随血液进入缺血组织,此时大量增加的 XO 再催化次黄嘌呤转变为黄嘌呤,进而黄嘌呤转变为尿酸;这两步反应中同时以分子氧为电子接受体,从而产生大量的 $\cdot O_2^-$ 和 H_2O_2,后者再在金属离子的参与下形成 $\cdot OH$。

线粒体途径和 NADPH 氧化酶模式是细胞内超氧阴离子的主要形成方式。超氧阴离子属于离子,不容易在细胞内扩散,生物的 SOD 能将超氧阴离子歧化成 H_2O_2，在细胞内 H_2O_2 的浓度是超氧阴离子的 1000 倍左右。在疾病过程中，一些结合在蛋白中的金属离子如铁释放为游离状态，可以和 H_2O_2 发生 Fenton 反应，产生羟基自由基，羟基自由基是自然界中氧化作用最强的物质之一，在生物体系内半衰期很短(约为 1ns)，一旦产生，就会和蛋白质、核酸和脂类物质发生氧化反应，造成氧化损伤。

二、活性氧自由基的清除

机体内存在一套自由基清除体系，以稳定自由基水平，主要的自由基清除途径如下。

(一)酶类抗氧化系统

酶既是自由基攻击的靶分子，又是自由基的天然清除剂。酶类抗氧化体系组成了机体的第一道防止自由基损伤防线。参与自由基清除的酶类包括超氧化歧化酶(Superoxide Dismutase, SOD)、过氧化氢酶(Catalase, CAT)、谷胱甘肽过氧化物酶(Glutathione Peroxidase, GSH-Px)、谷胱甘肽 S 移换酶(Glutathione S-transferase, GST)、髓过氧化物酶(Myeloperoxidase, MPO)、醛酮还原酶(Aldo-keto Reductase, AKR)、葡萄糖-6-磷酸脱氢酶(Glucose-6-phosphate Dehydrogenase, G-6-PD)、金属硫蛋白(Metallothionein, MT)等。

哺乳动物细胞内有两类 SOD，一类为 Cu/Zn-SOD，另一类为 Mn-SOD，前者主要分布于细胞质中，后者主要分布于线粒体内。SOD 是机体内天然存在的 $\cdot O_2^-$ 清除因子，可以把有害的 $\cdot O_2^-$ 转化为 H_2O_2。尽管生成的 H_2O_2 仍是对机体有害的，但体内的过氧化氢酶能将其分解为完全无害的 H_2O。这两种酶便组成了一个完整的防氧化链条。SOD 在辐射、炎症、缺血再灌和实验性皮肤癌等病变过程中，均有明显抗脂质过氧化作用。

过氧化氢酶(CAT)能使 H_2O_2 分解为 H_2O 和 O_2，使得 H_2O_2

不至于与 O_2 在铁螯合物作用下反应生成有害的·OH。SOD 和 CAT 在自由基清除方面有协同作用。

谷胱甘肽过氧化物酶(GSH-Px)是机体内广泛存在的一种重要的过氧化物分解酶。GSH-Px 的活性中心是硒半胱氨酸,其活力大小可以反映机体硒水平。硒是 GSH-Px 酶系的组成成分,它能催化还原型谷胱甘肽(GSH)变为氧化型谷胱甘肽(GSSG),同时使有毒的过氧化物(ROOH)还原成无毒的羟基化合物(ROH),从而保护细胞膜的结构及功能不受过氧化物的干扰及损害。GSH-Px 也能催化 H_2O_2 的分解,降低机体内·OH 的水平。

谷胱甘肽 S 移换酶(GST)是一组与肝脏解毒功能有关的酶。该酶主要存在于肝脏内,微量存在于肾、小肠、睾丸、卵巢等组织中。由于肝细胞质内富含 GST,当肝细胞损害时,酶迅速释放入血,导致血清 GST 活性升高。GST 是体内代谢反应中Ⅱ相代谢反应[外源化学物经过Ⅰ相反应代谢后产生的反应性基团(羟基、氨基、羧基、巯基、羰基和环氧基等),与内源性化合物或基团(内源性辅因子)之间发生的生物合成反应]的重要转移酶,其生物学功能主要是减少 GSH 的酸解离常数,使得 GSH 具去质子化作用而有更多反应性的 GST 巯基形成,从而催化 GSH 与亲电性物质加合。

醛酮还原酶成员均属于单体胞质蛋白,以还原型烟酰胺腺嘌呤二核苷酸磷酸(Nicotinamide-adenine Dinucleotide Phosphate,NADPH)作为其辅酶,将醛酮类化合物还原成相应的醇类。

金属硫蛋白是富含半胱氨酸的金属结合蛋白(含 61 个氨基酸残基),对多种重金属有高度亲和性,与其结合的金属主要是镉、铜和锌元素。MT 是一种目前所知的最有效的自由基清除剂,其清除自由基(·OH)的能力约为 SOD 的几千倍,而清除氧自由基(·O)的能力约是谷胱甘肽(GSH)的 25 倍,而且具有很强的抗氧化活动。

（二）非酶类抗氧化系统

主要由多种非酶类抗氧化剂组成：①脂溶性抗氧化剂，如微生物 E、类胡萝卜素、辅酶 Q 等；②水溶性小分子抗氧化剂，如维生素 V、谷胱甘肽等；③蛋白型抗氧化剂，如铜蓝蛋白、清蛋白和清蛋白结合的胆红素、转铁蛋白和乳铁蛋白等；④Se、Cu、Zn、Mn 等微量元素等；⑤摄入的天然或者合成化学物质，如酚类化合物、萜类化合物、天然色素、有机硫化合物等。非酶类抗氧化系统构成了机体的第二道防止自由基损伤防线。

还原型谷胱甘肽/氧化型谷胱甘肽和 NADPH/NADP 的比例对细胞内氧化还原平衡环境的维持很重要，而这些氧化还原对比例的维持最终依靠能量物质代谢过程中提供的电子。因此一旦细胞能量代谢受阻，细胞内氧化还原平衡必然发生紊乱，就非常容易发生氧化损伤。

正常状态下，谷胱甘肽（GSH）作为细胞内的一种重要的氧化还原缓冲剂。细胞内有毒的氧化物通过被 GSH 还原而清除，氧化型的 GSH 又可被 GSH 还原酶迅速还原。这一反应在线粒体中尤为重要，许多呼吸作用中副产物的氧化损伤将由此被消除。当细胞内 GSH 损耗过量时，细胞液就由还原环境转为氧化环境，这可能导致了凋亡早期细胞线粒体膜电位的降低，从而导致细胞色素 C 从线粒体内转移到细胞质中，启动 Caspases 的级联激活反应，导致细胞凋亡的发生。

三、自由基与细胞凋亡

活性氧（ROS）是一种高度活泼的非特异分子，可调节和介导细胞凋亡，这已被众多学者从多种途径证实。活性氧自由基可以通过损伤 DNA 以及参与基因表达调控等途径介导细胞凋亡。

（一）活性氧自由基损伤 DNA 介导细胞凋亡

活性氧自由基对核物质的作用可以导致碱基修饰、碱基丢失、单链或双链 DNA 断裂、DNA 交联等。O_2、H_2O_2 和 $\cdot O_2^-$ 等能与 DNA 链中糖磷酸键反应，导致 DNA 链断裂，并使双螺旋中的碱基暴露。研究表明自由基能够引起 DNA 和各种核苷酸的损伤，也会引起 DNA 突变，其中鸟苷酸(G)由于低氧化电位最易被氧化[生成 8-羟基脱氧鸟苷酸(8-oxo-dG)]。

DNA 的损伤可导致多聚 ADP 核糖聚合酶(PARP)的活化，PARP 是与 DNA 碱基切除修复有关的关键酶，其催化的反应中消耗了大量 NAD^+，从而使得糖酵解过程减缓，影响电子传递和 ATP 形成过程，导致细胞内 ATP 池枯竭。ATP 合成速度的降低反过来也造成线粒体呼吸链电子传递，引起活性氧的增加。一方面，DNA 修复无效并发生片断化，引起细胞凋亡，另一方面，DNA 损伤也可导致抑癌基因 P53 表达的增加，引起细胞凋亡。

(二)影响信号转导介导细胞凋亡

活性氧自由基能够通过影响细胞信号转导来介导细胞凋亡。

1. 活性氧能够调节钙离子信号

活性氧可以刺激 1,4,5-三磷酸肌醇(Inositol Trisphosphate, IP3)依赖的 Ca^{2+} 通道的开放，从而导致 Ca^{2+} 从钙库的释放，Ca^{2+} 可激活磷脂依赖性细胞蛋白激酶 C(PKC)，引起原癌基因表达，也可以激活核内的核酸内切酶作用于 DNA 而引起 DNA 的片段化，还可以作为第二信使或通过结合钙调素及调节凋亡基因等方式参与细胞凋亡。另外，线粒体生成的活性氧将引起膜脂质过氧化及线粒体功能的改变，从而也导致线粒体释放 Ca^{2+} 以及发生凋亡。

2. 活性氧能够活化有关信号转导酶类

活性氧自由基能调节激酶和磷酸酶的活性，影响细胞凋亡信号通路。如蛋白激酶 C(PKC)的巯基易被低浓度活性氧自由基激活，而 PKC 可通过 cAMP 信号通路引起细胞凋亡。过氧化氢能体外可逆性氧化许多蛋白酪氨酸磷酸酶(Protein Tyrosine Phosphatase,PTP),导致这些蛋白失去活性。如人 PTEN 蛋白 Cys121 和 Cys71 可被过氧化氢氧化,形成二硫键而失活,这种变化可以被硫氧还蛋白还原恢复活性。细胞经各种与 PI3K 激活相关的生长因子短暂刺激后,氧化型 PTEN 均增加。蛋白酪氨酸激酶(PTK)也可被活性氧自由基激活;PTK 被活化后,通过中介分子 SH2/SH3 蛋白活化 Ras 蛋白,直至激活促有丝分裂原蛋白激酶 MAPK,后者可使细胞核内相应转录因子磷酸化。

(三)影响基因表达介导细胞凋亡

活性氧自由基还可以调节凋亡相关基因的表达从而介导细胞凋亡,如 NF-κB、P53、Bcl-2 和 Bax 等。

NF-κB 有抗细胞凋亡特性,其是最早被发现可受到活性氧调节的转录因子。它与抑制性蛋白(IκB)结合成复合物定位于胞质中。在特定刺激因素作用下,IκB 被迅速磷酸化,经过泛素化修饰后被蛋白酶降解,从而使 NF-κB 从复合物中释放出来,转移到细胞核内,结合于特定基因的 κB 序列,启动相关基因转录,调节凋亡。

DNA 损伤时,细胞主要反应之一便是 P53 蛋白表达增加。P53 活性受磷酸化调控,磷酸化后的 P53 主要集中于核仁区,能与 DNA 特异结合,P53 转录活化 P21,使损伤细胞停止于 G1 期,促使其凋亡。

Bcl-2 具有抗细胞程序化死亡的作用,Bcl-2 的过度表达可减少氧自由基的产生和脂质过氧化物的形成。Bax 作为 Bcl-2 抗氧化作用的抑制物,是细胞程序化死亡的促进物,两者可结合形成同二聚体或异二聚体,共同调节细胞凋亡。活性氧自由基能促进 P53 的表达,进而使 Bax 的表达增加,并使 Bcl-2 表达下降,从而诱导细胞凋亡。

第四章　细胞凋亡的发生途径

细胞凋亡的启动是细胞在感受到相应的信号刺激后胞内一系列控制开关的开启或关闭。不同的外界因素启动凋亡的方式不同,所引起的信号转导也不相同。细胞凋亡通过外源性凋亡途径和内源性凋亡途径执行。目前比较清楚的外源性凋亡途径是通过细胞膜表面死亡受体介导的,各种外界因素是细胞凋亡的启动剂,它们可以通过死亡受体介导的信号传递系统传递凋亡信号,引起细胞凋亡;在内源性凋亡途径方面,目前研究比较清楚的是线粒体细胞色素 C 释放和 Caspases 激活的生物化学途径和内质网应激途径。内源性细胞凋亡途径被认为保守存在于所有多细胞动物中,而外源性细胞凋亡途径则被认为是脊椎动物所特有,是随着适应性免疫系统的出现而协同出现的。

细胞凋亡途径如图 4-1 所示。

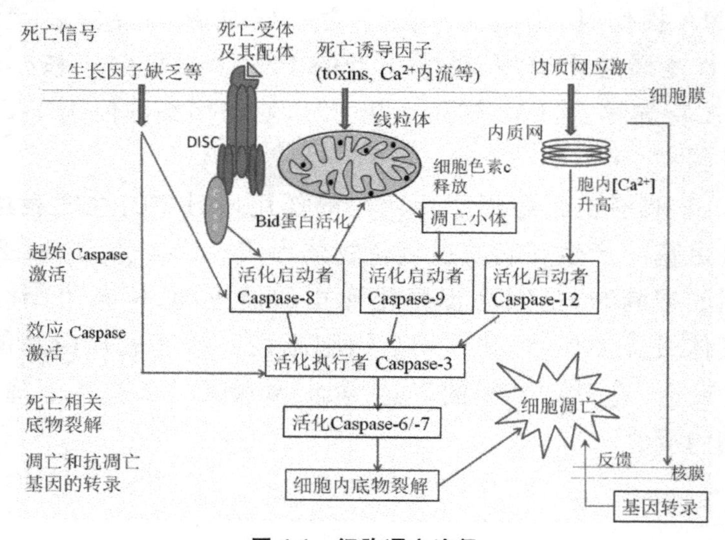

图 4-1　细胞凋亡途径

第一节　外源性凋亡途径

外源性凋亡途径，又称为死亡受体诱导凋亡通路。

目前人们至少发现了5种死亡受体，分别为肿瘤坏死因子受体1（Tumor Necrosis Factor Receptor Ⅰ，TNFR1）（又称为DR1、CD120a、P55、P60），凋亡相关因子（Factor Associated Suicide，FAS）（又称DR2、APO-1、CD95），死亡受体3（Death Receptor-3，DR3）（又称APO-3、LARD、TRA MP、WSL1），肿瘤坏死因子相关凋亡配体受体-1（TNF Related Apoptosis Induced Ligand-receptor1，TRAIL-R1）（又称DR4、APO-2），肿瘤坏死因子相关凋亡配体受体-2（TNF Related Apoptosis Induced Ligand-receptor2，TRAIL-R2）（又称DR5、KILLER、TRICK2）。前三种受体相应的配体分别为肿瘤坏死因子（Tumor Necrosis Factor，TNF）、凋亡相关因子配体（Fas Ligand，FasL）（CD95L）、APO-3L，后两种均为APO-2L（TRAIL）。

死亡受体通路主要通过三条途径调控细胞凋亡：TNFR途径、TRAIL途径、Fas/FasL途径。

一、TNFR途径

TNF通过TNFR-Ⅰ和TNFR-Ⅱ介导其生物学活性，TNFR受体不具有酶解活性，但可召集其他死亡分子转导信号。当与肿瘤坏死因子相结合，TNFR-Ⅰ三聚体化，接着集合一个衔接蛋白TRADD（TNFR Associated Death Domain），然后TRADD再集合其他几个衔接分子FADD、肿瘤坏死因子受体相关因子2（TNFR-Associated Factor-2，TRAF-2）和受体相关蛋白（Receptor Interactive Protein，RIP）。RIP可以激活NF-κB；FADD激活Caspases，Caspases发生级联反应，从而激活死亡受体通路；

TRAF-2 和 RIP 可激活 NF-κB 诱导激酶（NF-κB-inducing Kinase，NIK），NIK 可激活 IκB 激酶（IκB kinase，IKK），IKK 可使 IKB 磷酸化，导致 NF-κB 的激活。NF-κB 转位至细胞核，可使一系列基因表达，主要激活一些抗凋亡基因如 c-IAP1，c-IAP2，cFLIP，TRAFI，TRAF2 等的转录，从而通过调节抑制 Caspase-8 的活性等途径来发挥抗细胞凋亡作用。

二、TRAIL 途径

肿瘤坏死因子凋亡相关配体（TNF Related Apoptosis Induced Ligand，TRAIL）又称凋亡素-2 配体（Apo-2L），属于 TNF 家族成员，目前公认的 TRAIL 受体至少有 5 种：TRAIL-R1（DR4）、TRAIL-R2（DR5）、TRAIL-R3（LIT，DcR1）、FRAIL-R4（TRUNDD，DcR2）、可溶性的护骨素 OPG。DR4 和 DR5 的配体能够使细胞发生凋亡，TRAIL 只有黏附于 DR4 或 DR5 上后才能使受体发生三聚化，并且形成死亡诱导信号复合物（DISC）。Caspase-8 可被 DISC 激活。接着可由两条凋亡信号途径发挥作用，使细胞凋亡，其一是 Caspase-8 直接激活 Caspase-3、-6、-7，经外源性途径诱导凋亡。然而 Fas 受体在Ⅱ型 T 淋巴细胞中 Caspase-8 通过激活 Bid（Bcl-2 Inhibitory BH3-domain-containing Protein）与线粒体连接，激活内源途径诱导凋亡。

三、Fas/FasL 途径

Fas/FasL 诱导的细胞凋亡是由于细胞表面的 Fas 受体与 FasL 三聚体结合，再与 DD 相结合从而诱导细胞发生凋亡，DD 能与信号适配体 Fas 相关因子 1（Fas-Associated Factor-I，FAF-1）、FADD、死亡区域相关蛋白（Death-Domain Associated Protein，Daxx）、FAS 相关酪氨酸磷酸酶-1（FAP-1）、FADD 样白细胞介素 1- 转化酶相关区域 FLASH[FADD-like Interleukin-1 β-converting Enzyme(FLICE)-associated Huge]、RIP 相互反应。其中 FADD 携带一个死亡效应区 DED，通过一系列的反应可以集合到没被激活的 Procaspase-8 蛋白的 DED 结构域，形成 DISC。Procaspase-8 被激活分解成有活性的 Caspase-8(DISC 中的 Procaspase-8 发生自我剪切从而裂解为有活性的物质，再释放出其他活性亚单位，这样就可以直接激活其下游的凋亡相关效应因子 Caspase-3，6 和 7)，FADD 同时还可以激活 Caspase-10。有活性的 Caspase-8 和 Caspase-10 片段可以继续激活其下游的 Caspase 级联反应，从而导致非线粒体依赖途径和线粒体依赖途径细胞凋亡的发生。

当 Caspase-8 活化后，它作用于 Procaspase-3 从而产生活化的 Caspase-3，导致非线粒体依赖途径细胞凋亡的发生。当活化的 Caspase-8 较少，其不能激活足够的 Caspase-3 诱导细胞凋亡。此时 Caspase-8 通过裂解 Bid 形成 2 个片段，其中含 BH3 结构域的 C-端片段[截断的 Bid(Truncated Bid，tBid)]被运送到线粒体，与 Bcl-2/Bax 的 BH3 结构域形成复合物，导致线粒体通透性转换通道复合物(PTPC)的形成及细胞色素 C 从线粒体释放。释放的细胞色素 C 与胞质中凋亡蛋白酶活化因子(Apoptosis Protease Activating Factor，Apaf-1)结合并活化 Apaf-1，活化的 Apaf-1 再活化 Procaspase-9，活化的 Caspase-9 作用于 Procaspase-3 从而产生活化的 Caspase-3，最后引起线粒体依赖途径细胞凋亡的发生，从而把死亡受体通路和内源性细胞凋亡线粒体通路联系起来，有效地增强了凋亡信号。内源性抑制剂 FLIP 能够调节 Caspase-8 的活性水平，FLIP 能与 Caspase-8 竞争性结合 FADD，从而抑制 Caspase-8 的活化。

总结以上三条死亡受体途径调控细胞凋亡的通路及其作用过程，参见图 4-2。

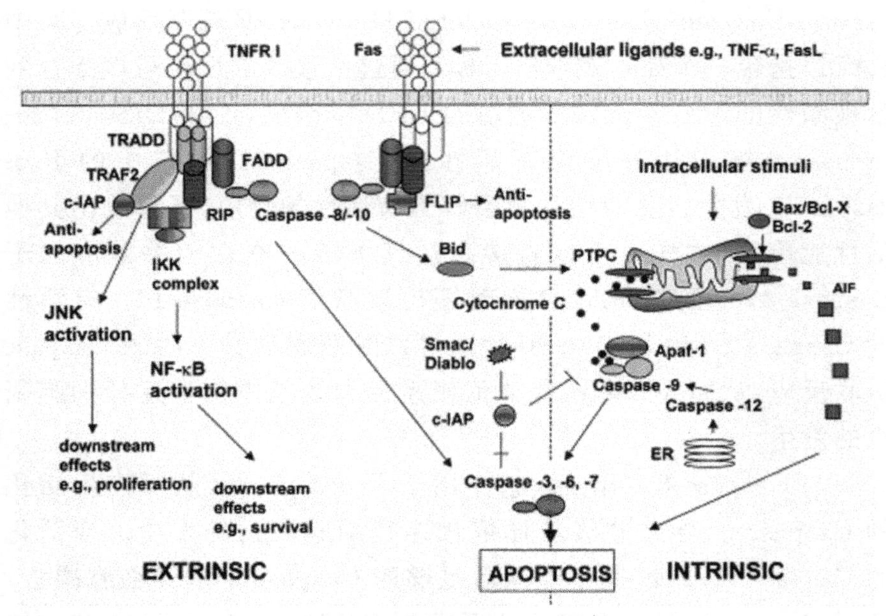

图 4-2　死亡受体介导的细胞凋亡过程及作用途径

(图片来源于 Zeiss CJ. Vet Pathol,2003)

第二节　细胞凋亡线粒体途径

线粒体凋亡途径是细胞内源性凋亡的主要途径之一。

线粒体外膜中蛋白质含量达 50%以上,相对分子质量小于 5kDa 的小分子物质(包括一些离子,如 Ca^{2+})能自由通过线粒体外膜。在凋亡刺激因素诱导下,线粒体外膜通透性增强,线粒体的一些内容物被释放到胞浆,从而导致细胞凋亡的发生。

线粒体内容物的释放主要通过线粒体通透性转变孔(MPTP)或者凋亡因素诱导的膜释放通道实现的。

一、线粒体通透性转变孔

MPTP 位于线粒体内、外膜之间,是由多种蛋白质组成的非选择性复合体。其周期性开放对维持线粒体内的稳态及电化学平衡起着重要作用。在诱导因素的作用下，线粒体 MPTP 的异常开放会导致细胞发生致死性结果，如跨膜电位（Mitochondrial Transmembrane Potential，$\Delta\psi_m$）消失、基质的 Ca^{2+} 外流，超氧离子的产生，并且会释放一些线粒体蛋白成分，如细胞色素 C、凋亡抑制蛋白（Inhibitor of Apoptosis Protein，IAP）、线粒体源性半胱天冬氨酸蛋白酶第二活化因子 Smac/DIABLO（Second Mitochondrial Activator of Caspase/Direct IAP Binding Protein with Low PI）、核酸内切酶 G（Endonuclease G，Endo G）、凋亡诱导因子（Apoptosis Inducing Factor，AIF）、高温必需蛋白 A2（HtrA2 / Omi）、热休克蛋白 Hsp60 和 Hsp10 以及腺苷酸激酶（Adenylate Kinase）等，这些结果反过来又可以促使 MPTP 的过度开放。

Bcl-2 家族蛋白对于 PT 孔的开放和关闭起关键的调节作用，促凋亡蛋白 Bax 等可以通过与腺嘌呤核苷转位蛋白（Adenine Nucleotide Translocase，ANT）或电压依赖阴离子通道（Voltage-dependent Anion Channels，VDAC）的结合介导线粒体通透性转变孔的开放，而抗凋亡类蛋白如 Bcl-2、Bcl-xL 等则可通过与 Bax 竞争性地与 ANT 结合，或者直接阻止 Bax 与 ANT、VDAC 的结合来发挥其抗凋亡效应。

二、Bcl-2 家族成员形成的线粒体跨膜通道

Bax（Bcl-2-asslciated Protein X）是 Bcl-2 家族的凋亡蛋白，正常状态下存在于胞浆中；当细胞受到刺激或损伤后，Bax 蛋白则会聚集到线粒体外膜上。转移到线粒体的 Bax，一方面破坏 Bcl-2 抗凋亡蛋白的功能，另一方面，Bax 可以构成跨线粒体外膜的孔道，导致线粒体膜电位下降和细胞色素 C 释放。体外实验证实，Bcl-2、Bcl-X1 和 Bax 能在线粒体上形成离子通道，提示它们可能参与调节一些与凋亡有关的细胞现象，如线粒体通透性改变（巨孔形成）和线粒体释放凋亡蛋白激活因子如细胞色素 C、凋亡

诱导因子（Apoptosis-inducing Factor，AIF）和 Smac/DIABLO。过度表达的 Bcl-2 能抑制线粒体通透性改变，并影响巨孔的形成，从而抑制凋亡。

当 Bax 和 Bak 蛋白被 Bim（Bcl-2 Interacting Mediator of Cell Death）或截短型 Bid（Truncated BH3 Interacting Death Domain Agonist，tBid）等 BH3-only 蛋白激活后，Bax 和 Bak 形成寡聚化的蛋白复合体，形成一些线粒体蛋白（如细胞色素 C）释放的膜通道。在细胞色素 C 从 Bax 和 Bak 形成的膜通道释放过程中，线粒体蛋白酶 OMA1 的激活是必须的，激活的 OMA1 裂解了发动蛋白样的 GTPase（Dynamin-like GTPase）蛋白 OPA1（Optical Nerve Atrophy 1），这一事件对于线粒体嵴重塑至关重要。在这些细胞中抑制或是敲除 OMA1 可以减少细胞色素 C 释放。

那么，释放到胞浆中的物质是通过什么途径导致细胞凋亡呢？目前认为，根据线粒体膜间隙释放的凋亡蛋白如细胞色素 C 和凋亡诱导因子 AIF 的不同，凋亡信号通路可分为含半胱氨酸的天冬氨酸蛋白水解酶（Cysteinyl Aspartate Specific Proteinase，Caspase）依赖和非 Caspase 依赖型途径。

三、Caspase 依赖途径

Caspase 依赖途径是经典的线粒体凋亡通路。释放到细胞质的细胞色素 C 在脱氧腺苷三磷酸（Deoxyadenosine Triphosphate，dATP）存在的情况下，与凋亡蛋白酶活化因子-1（Apoptosis Protease Activating Factor 1，Apaf-1）结合而形成多聚体，并通过 Apaf-1 的募集结构域（Caspase Recruitment Domain，CARD）促使 Procaspase-9 与其结合为凋亡体（Apoptosome），从而激活 Caspase-9，被激活的 Caspase-9 又能够激活执行者 Caspase，如 Caspase-3 等。活化的 Caspase-3 一方面裂解 DNA 修复酶多聚（ADP-核糖）聚合酶[Poly（ADP-ribose）Polymerase，PARP]，使 DNA 修复终止；另一方面活化核酸内切酶，使其特异

性切割核小体间的连接序列,使 DNA 断裂成 $n\times180\sim200$bp 大小的片段。另外,活化的执行者 Caspase 同时破坏细胞骨架蛋白、细胞外基质蛋白、核蛋白等,使细胞失去正常形态,最终诱导细胞走向凋亡。

细胞色素 C 在凋亡中起着非常重要的作用,细胞色素 C 的释放发生在 Caspases 的激活和 DNA 断裂之前,可以看作是凋亡的早期(起始) 标志事件。

凋亡蛋白抑制蛋白(IAP)和 Smac 通过抑制和促进 Caspase 的级联反应来调控细胞凋亡。Smac/DIABLO 是 2000 年 7 月由独立的两个实验室报道的,分别命名为第二个线粒体衍生的半胱氨酸蛋白酶激活剂(Second Mitochondria-derived Activator of Caspase,Smac),低等电点(PI)的 IAP 直接结合蛋白(Direct IAP Binding Protein with Low PI,DIABLO),经对比分析,Smac 与 Diablo 完全等同,因此合并称 Smac/Diablo。当细胞受到凋亡因素刺激(包括抗癌药物、紫外线照射、化学信号、DNA 损伤)时,线粒体蛋白 Smac/DIABLO(Second Mitochondrial Activator of Caspase/Direct IAP Binding Protein with Low PI)的线粒体定位信号肽被切除,形成有活性的 Smac/DIABLO 蛋白释放入胞浆中,此时的 Smac/DIABLO 蛋白可以特异地通过 N 端与 IAP 的 BIR 结构域(Baculovirus IAP Repeats Domain)结合,解除 IAP 对于 Caspase-9、Caspase-3 等的活性抑制作用,从而促进凋亡。因此,细胞色素 C 和 Smac/DIABLO 在细胞凋亡过程中起到协同促进作用,在凋亡信号刺激下 Smac/DIABLO 与细胞色素 C 一起从线粒体释放到细胞质;细胞色素 C 是通过促使 Apaf-1 的多聚化来激活 Procaspase-9,而 Smac/DIABLO 则通过消除多种 IAP 的抗凋亡作用来促进细胞凋亡。

四、Caspase 非依赖途径

凋亡诱导因子(Apoptosis Inducing Factor,AIF)是 Caspase

非依赖性死亡效应因子，是于1999年被克隆的第一个能够诱导Caspase非依赖性细胞凋亡的因子。AIF是存在于线粒体膜间隙中的黄素蛋白，它具有氧化还原和电子传递功能，在细胞正常的生理状态下，作为线粒体氧化还原酶，能催化细胞色素C和烟酰胺腺嘌呤二核苷酸(NAD)之间的电子传递。在外界死亡触发信号刺激下，AIF可转移到细胞核，引起不依赖经典Caspase途径的细胞凋亡；AIF从线粒体释放后转位至细胞核，引起核内DNA断裂成50kb大小的片段，核染色质凝缩，最终导致细胞发生凋亡。P53、Bcl-2、热休克蛋白Hsp70、钙调蛋白等参与了AIF诱导的细胞凋亡的发生。

另外，Endo G从线粒体释放，在一定条件下被迁移到细胞核，在与组蛋白H2B和DNA拓扑酶Ⅱ的作用下导致染色质核的降解，诱导Caspase非依赖的细胞凋亡的发生。

第三节 细胞凋亡内质网应激途径

内质网(Endoplasmic Reticulum，ER)是细胞内的一个精细的膜系统，是交织分布于细胞质中的膜的管道系统，内质网与高尔基体及核膜相连续。内质网两膜间是扁平的腔、囊或池。内质网有两种类型，一类是在膜的外侧附有许多小颗粒，这种附有颗粒的内质网叫粗糙型内质网(RER)，这些颗粒是核糖体；另一类在膜的外侧不附有颗粒，表面光滑，称光滑型内质网(SER)。粗糙型内质网的功能是合成蛋白质大分子，并把它从细胞输送出去或在细胞内转运到其他部位。光滑型内质网的功能与糖类和脂类的合成、解毒、同化作用有关，并且还具有运输蛋白质的功能。一方面，内质网是细胞内蛋白质合成、翻译后修饰、折叠的主要场所；另外，内质网也是钙储备和钙信号转导的主要部位。

ER含有大量的伴侣蛋白、糖基化酶以及氧化还原酶等，为新生肽链的折叠提供了优化的环境，同时ER质量控制系统(ER

Quality Control System) 能通过 ER 相关降解作用(ER Assoeiated Degradation,ERAD)降解非正确折叠的中间产物。凡是影响 ER 功能的因素都能够引起内质网应激(ER Stress,ERS),如:

(1)细胞营养物质缺乏,包括葡萄糖和氨基酸、蛋白质及核苷酸的生物合成均需要必要的营养物质。

(2)影响蛋白质翻译后修饰的因素,如还原物质二巯基苏糖醇、β巯基乙醇、同型半胱氨酸(Homoeystine);糖基化抑制剂衣霉素(Tunicamycin)、葡萄糖胺(Glucosamine)、2-脱氧葡萄糖(2-deoxyglueose)等。

(3)影响 ER 钙离子平衡的药物,如 ER Ca^{2+}-ATP 酶抑制剂毒胡萝卜素(Thapsigagrin)、钙离子载体 A23187、钙离子螯合剂 EGTA、抗生素[吸湿霉素(lonomycin)]等。

(4)结构异常蛋白在 ER 堆积。

内质网通过激活细胞保护性的未折叠蛋白反应来抵抗由内质网应激引起的细胞损伤、恢复细胞功能,内质网应激直接影响应激细胞的归宿,如适应、损伤或凋亡。

内质网是蛋白质翻译和修饰的主要场所,内质网腔内错误折叠与未折叠蛋白聚集导致未折叠蛋白反应(Unfolded Protein Response,UPR),UPR 一方面通过内质网分子伴侣,如糖调节蛋白(Glucose-regulated Protein 78kD,GRP78)和 GRP94 蛋白,介导未折叠或错误折叠蛋白质经泛素化途径水解,另一方面通过调控下游基因的表达减轻 UPR 作用。内质网应激感受蛋白介导了 UPR 对下游基因的调控作用,这些蛋白包括:需肌醇酶 1(又称抑制物阻抗性酯酶 1)(Inositol-requiring Enzyme 1,IRE-1)、双链 RNA 依赖的蛋白激酶样内质网激酶(PKR-like ER Kinase,PERK)和活化转录因子 6,这三种激酶分别通过不同的通路介导下游基因的转录(如图 4-3 所示)。

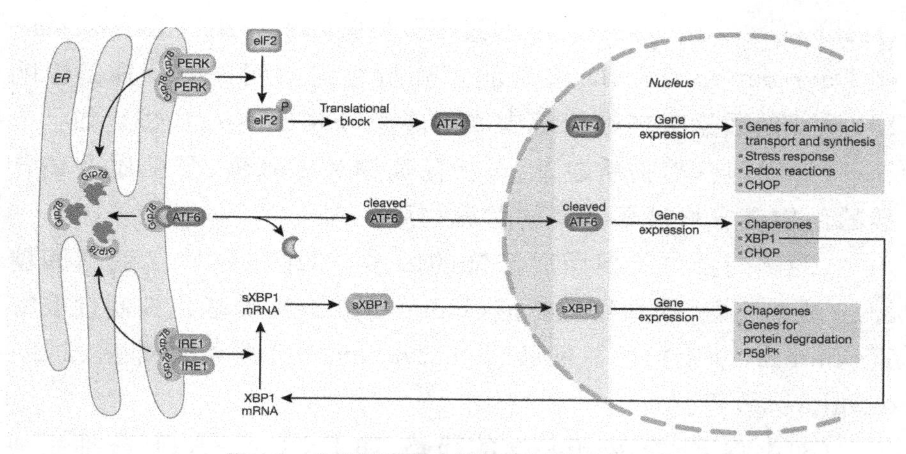

图 4-3　内质网应激介导的未折叠蛋白反应

(图片来源于 Szegezdi E, et. al. EMBO Rep, 2006)

在 UPR 过程中，GRP78 与内质网应激感受蛋白 PERK、ATF6 和 IRE1 解离，PERK 首先被激活，接下来是 ATF6，IRE1 最后被激活。PERK 通过激活磷酸化真核起始因子 2($eIF2\alpha$)引起 mRNA 翻译受阻，从而抑制普遍蛋白质的合成，减轻了内质网未折叠蛋白的积累。$eIF2\alpha$ 磷酸化的同时，激活转录因子 4(Activating Transcription Factor 4，ATF4)同时被优先翻译，ATF4 转位到细胞核内，诱导需要 ER 功能恢复所需基因的转录。当未结合分子伴侣的 ATF6 从 ER 转位到高尔基体后，ATF6 特定位点被水解而产生的有活性的 ATF6(相对分子质量为 50kDa 的 p50 蛋白)，有活性的 ATF6 转位到细胞核内，导致转录因子 X-盒结合蛋白 1(X-box Binding Protein 1，XBP1)、CHOP 等基因的转录。XBP1 mRNA 在 IRE1 作用下发生剪接后经翻译产生转录因子 sXBP1 蛋白(Spliced XBP1)，sXBP1 转位到细胞核后调控了一些内质网伴侣分子、蛋白降解相关酶的表达。

如果 ER 应激状态持续存在，则导致 ER 功能受损、细胞凋亡的发生。持续或高强度的内质网应激导致内环境不能及时恢复，ER 应激由促生存的保护性信号转向促凋亡信号，引起细胞凋亡的发生。内质网过度激活导致下游的凋亡信号核转录因子生长停滞及 DNA 损伤基因(GADD153)的表达上调，而抑制细胞凋亡基因 Bcl-2 的下调。CHOP/生长抑制和 DNA 损伤诱导基因(GADD)153 蛋白。

内质网应激作用下，Bcl-2 家族蛋白等介导的内质网 Ca^{2+} 释放、Caspase-12 的激活，最终导致细胞凋亡的发生（如图 4-4 所示）。

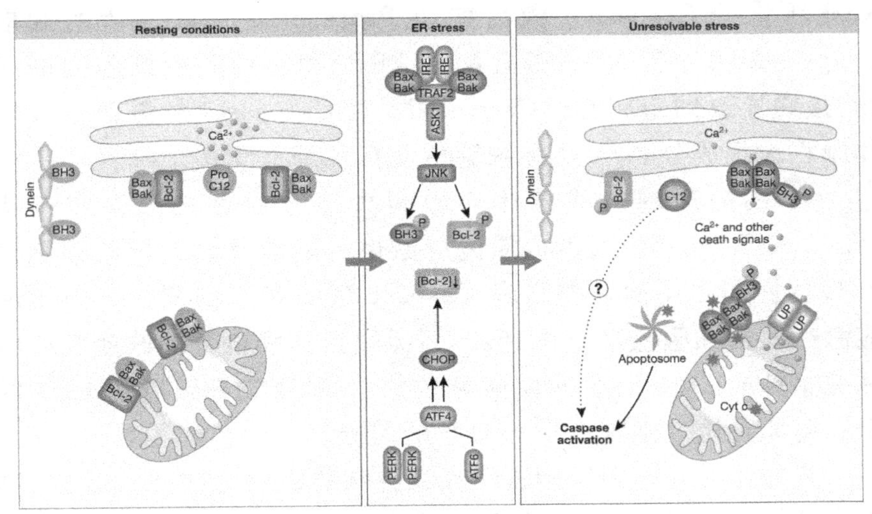

图 4-4　内质网应激诱导细胞凋亡的途径

（图片来源于 Szegezdi E，et. al. EMBO Rep，2006）

Caspase-12 是内质网应激细胞凋亡的一个主要启动者 Caspase。内质网应激诱导物布雷菲德菌素 A(Brefeldin A)和毒胡萝卜素(Thapsigargin)作用细胞时发生内质网应激，最后引起细胞凋亡，此时 Caspase-12 的含量明显增加，而用非内质网应激物三苯氧胺诱导的细胞凋亡并没有引起内质网应激，相应的 Caspase-12 含量也未发生变化。缺乏 Caspase12 基因的小鼠对内质网应激诱导物如衣霉素(Tunicamycin)、毒胡萝卜素高度不敏感。

人类的 Caspase-12 基因存在无意义突变现象，有学者认为人类的 Caspase-4 是与啮齿类 Caspase-12 的类似物，可能替代了 Caspase-12 的部分功能。由于 Caspase12 的酶解激活很难被检测到，内质网应激中 Caspase-12 是如何被激活的还有争议。目前发现 Caspase-12 的激活可能存在三种途径：IRE1(Inositol-requiring Protein 1)途径、Ca^{2+} 依赖的 m-钙蛋白酶途径(m-calpain)及 Caspase-7 的激活途径，而这三种可能途径的发生都与内质网发生应激有关系。作为启动者，在啮齿类动物(但不包括人类)中 Caspase-12 从内质网移位至细胞质，在细胞质内剪接 Procaspase-9，被活化的 Caspase-9 激活剪切 Procaspase-3，被激活的效应 Caspase-3 切割多 ADP 聚合酶(PARP)和多种其他细胞内的底物，最终导致细胞凋亡。Caspase-12 对 Caspase-9 的激活与线粒体凋亡途径成分 Apaf-1 和细胞色素 C 的释放无关。

另外，内质网与线粒体介导凋亡信号通路之间存在串扰(Cross-talk)作用。过度内质网应激也可能涉及线粒体的细胞色素 C 的协同作用而使执行者 Caspase 激活和细胞凋亡。内质网应激触发的细胞色素 C 的释放，但无线粒体膜电势的改变及线粒体完整性的破坏，内质网应激导致的 Ca^{2+} 释放导致胞内 Ca^{2+} 的升高可能是诱发细胞色素 C 释放的前提。

线粒体外膜与内质网膜间存在特殊的物理(蛋白质)连接，称为线粒体-内质网结构偶联(Mitochondria-endoplasmic Reticulum Physical Coupling, or Mitochondria-associated Endoplasmic Reticulum Membrane, MAM)。线粒体-内质网结构偶联与内质网钙信号调控、线粒体形态调控及内质网应激等有密切的联系。MAM 中的蛋白分子大多数是与 Ca^{2+} 相关的，比如 1,4,5-三磷酸肌醇受体(Inositol-1,4,5-trisphospate Receptor, IP3R)、电压依赖性阴离子通道(Voltage-Dependent Anion Channel, VDAC)、Ca^{2+} 结合伴侣蛋白(Ca^{2+}-binding Chaperonin)等。在内质网应激介导的 Ca^{2+} 释放过程中，尽管胞浆内总体 Ca^{2+} 浓度变化不大，但线粒体内的 Ca^{2+} 浓度升高却很明显，内质网与线粒体间的 Ca^{2+} 运输主要是通过 MAM 实现的。MAM 形成有效的内质网—线粒体间 Ca^{2+} 的转运机制，在局部位置线粒体外膜与内质网膜高度靠近，之间形成 MAM 物理连接，内质网释放的 Ca^{2+} 通过 MAM 被线粒体摄取。

第五章　细胞凋亡的信号调控

细胞凋亡发生过程涉及一系列基因的激活、表达以及调控等，细胞凋亡的启动和进行受到精确调控，具有独特而复杂的信号系统。各种凋亡信号通过信号转导通路传至细胞内，激活靶分子而产生细胞效应，引发细胞凋亡。本章介绍了调控细胞凋亡的主要基因和蛋白因子对细胞凋亡信号的启动、级联转导及信号放大中的作用及胞内第二信使对凋亡信号的介导作用。

第一节　调控细胞凋亡的主要基因及因子

凋亡是细胞内在决定个体发育和组织平衡的一个重要机制。这个受到严密调控的细胞自杀机制一旦出现功能障碍或失去控制，将导致肌体产生肿瘤、神经退行性疾病或其他病理性变化。自生命科学研究进入分子生物学时代后，细胞凋亡的研究也转移到基因的表达和基因产物的活化方面。目前已经发现一些基因，如 P3 基因、Bcl-2 基因、ICE(Caspase)基因、FAS 基因、C-myc 基因及 Ced 基因等，这些基因在一定调节条件(调控因子)下的表达产物会引起特异表型细胞发生与细胞凋亡有关的变化。

一、与细胞凋亡有关的基因

目前，已知与凋亡相关的调控基因有 20 多种，这些基因可以分为三类：

（1）抑制凋亡基因：如 Bcl-2、Bcl-xL、A1/Bfl-1、Bcl-w 和 Mcl-1 等。

（2）促凋亡基因：如 Bax、Bad、Bak、Bid、Bim、Bik、Bok、Bcl-B、Bcl-xS、Krk、Mtd、Nip3、Nix、Noxa 等。

（3）双向调控基因：C-myc、C-fos、Belx 等。

在细胞凋亡的调控基因中，Bcl-2 基因家族和 P53 基因是研究最深入、最广泛的凋亡的调控基因。Bcl-2 基因的发现与最初来自模式生物线虫细胞凋亡基因的发现密不可分，大部分线虫细胞凋亡相关基因在高级哺乳动物中也发现了相对应的同源性基因。

（一）线虫细胞凋亡相关基因

研究细胞凋亡的一个重要模式生物是秀丽线虫（Caenorhabditis Elegans，CE）。秀丽隐杆线虫是一种可以独立生存的线虫，长度约 1mm，生活在温度恒定的环境中。自 1965 年起，南非生物科学家 Sydney Brenner 利用线虫作为分子生物学和发育生物学研究领域的模式生物。线虫的生命周期很短，秀丽隐杆线虫在实验室中 20°C 的情况下，平均寿命约为 2～3 周，而发育时间只需几天，这使得不间断的观察并追踪细胞的演变成为可能。秀丽隐杆线虫的基因体序列大约仅有一亿个碱基对，内含 19000 个以上的基因。

秀丽隐杆线虫在发育过程中，共产生 1090 个体细胞，其中 131 个要发生程序性死亡。研究发现共有 14 个基因分别在不同程度上与这些细胞的程序性死亡相关，其中第一组含 3 个基因：Ced-3、Ced-4、Ced-9（Ced 表示秀丽隐杆线虫程序性死亡相关基因），第二组含 7 个基因：Ced-1、Ced-2、Ced-5～8 以及 Ced-10，第三组含核酸酶基因 1（Nuc-1），第四组含 Ces-1、Ces-2（Ces 表示线虫细胞存活的调控基因）以及 Egl-1。其中有些基因已在哺乳动物中找到功能和结构相似的同源基因。在线虫和哺乳动物细胞之间与死亡有关基因的这种保守性，说明细胞凋亡的机制在动物进化的过程中高度保守。

第一组基因与线虫细胞的程序性死亡有密切关系，Ced-3 和 Ced-4 基因能够使细胞进入凋亡程序，其中任何一个基因发生突变均可抑制所有的程序性细胞死亡；Ced-9 基因是细胞凋亡的负调控基因，它阻止细胞进入凋亡，Ced-9 发生突变丧失原有功能后能够导致本来不注定要凋亡的细胞也全部死亡。

Ced-3 和 Ced-4 基因主要表达于线虫胚胎发生期，此期正是细胞程序性死亡多发期。Ced-基因编码的蛋白质 Ced-3 含 503 个氨基酸残基，Ced-3 含有多个潜在的磷酸化位点，有一个含有约 100 个氨基酸残基组成的富含丝氨酸的区域。这个富含丝氨酸区域与高等哺乳动物的白细胞介素 1β 转换酶（Interleukin-1β Converting Enzyme，ICE）有同源性。目前在哺乳动物中共发现 14 个 Ced-3 同源分子，分别定名为 Caspase1～14。

ICE 以无活性的酶原形式存在，当被剪切部分氨基酸残基后，形成有活性的蛋白四聚体。ICE 是一种半胱氨酸蛋白水解酶，在哺乳类动物细胞中水解白细胞介素 1β 前体，使之形成有活性的白细胞介素 1β。ICE 与 Ced-3 同源性比较表明，尽管两者只有 28%的氨基酸同源性，但是酶活性功能区氨基酸残基序列中两者有 43%的同源性，催化和结合 Asp 羧基侧链相关的氨基酸残基则完全相同。过表达鼠野生型 ICE 基因的兔成纤维细胞导致细胞凋亡的发生，而功能保守氨基酸残基 ICE 突变体则不能诱导细胞凋亡的发生。因此 ICE 和 Ced-3 被认为具有相似的生理功能，ICE 基因参与了哺乳类动物的细胞凋亡过程。

Ced-4 基因编码含有两个潜在 Ca^{2+} 结合位点的蛋白质，Ced-4 蛋白含有两个类似 EF 手形结构区域，这提示 Ced-4 的诱导细胞程序性死亡可通过 Ca^{2+} 来调节。通过对线虫凋亡基因分析，提示 Ced-4 位于细胞凋亡信号通路 Ced-3 的上游和 Ced-9 的下游，Ced-4 具有两种功能：活化 Ced-3 的功能和信号接头（Adaptor）功能。Ced-4 是一种含核酸结合结构域 P-loop 的分子，其与 Ced-3 蛋白的前体结构域（Prodomain）和蛋白酶活性区的位点结合。其中 P-loop区域与 Ced-3 的前体结构域结合，启动 Ced-3 的活化。

Caspases 的抑制物 CrmA、p35 和 Z-VAD-fmk 均能阻断 Ced-4 诱导的细胞凋亡，这提示 Ced-4 具有天冬氨酸蛋白水解酶活性。免疫共沉淀实验结果表明，ced-4 蛋白可以同时且直接地与 Ced-3 蛋白和 Ced-9 蛋白结合形成三元复合物，Ced-4 蛋白在 Ced-3 和 Ced-9 蛋白的信号通路上起着信号接头分子的作用。Ced-4 接受 Ced-9 抑制细胞凋亡的信号，同时也通过启动 Ced-3 蛋白的活化将上游的凋亡信号传递给 Ced-3。在哺乳动物中凋亡蛋白酶活化因子 1(Apoptotic Protease Activating Factor-1，Apaf-1)可能是 Ced-4 蛋白的同源类似物。

Ced-9 编码是一个由 208 个氨基酸残基组成的蛋白质。Ced-9 与哺乳类动物 Bcl-2 家族基因有一定的同源性，Bcl-2 可以阻止 Ced-9 功能性缺失突变的线虫细胞程序性死亡的发生，这也表明从线虫到哺乳类动物细胞程序性死亡的分子机制是相当保守的。

第二组基因与秀丽隐杆线虫细胞程序性死亡后被吞噬相关，与细胞凋亡本身无关。第三组 Nuc-1 基因编码核糖核酸酶，Nuc-1 基因编码的蛋白质能使 DNA 降解、可能与细胞凋亡后的 DNA 降解直接相关，Nuc-1 发生突变后，DNA 降解受阻，但并不能抑制细胞的死亡，因此 Nuc-1 也被认为秀丽隐杆线虫细胞程序性死亡非必需基因。第四组是影响细胞类型程序性死亡的基因，Ces-1 和 Ces-2 能抑制线虫咽喉部位两种高度特异性细胞类型的死亡，Egl-1 则对特异性运动神经元的生死命运起到决定性的作用。

(二)Bcl-2 基因家族

在细胞凋亡的相关调控基因的研究方面，B 细胞淋巴瘤/白血病-2(B-cell Leukemia-2，Bcl-2)基因家族是目前研究得最深入、最广泛的凋亡调控基因之一。Bcl-2 基因最初是在非霍奇金滤泡状 B 细胞淋巴瘤中分离出来的，它是在人 14 号与 18 号染色体易位的断点上被发现的。Bcl-2 基因家族是目前广泛研究的一类细胞凋亡相关基因，其表达和调控是影响细胞凋亡的关键因素之一，在细胞凋亡信号转导途径中发挥主要作用。Bcl-2 蛋白家族是一个特别的家族，目前已发现20余种Bcl-2家族同源蛋白，其成员中有些促进凋亡，如Bcl-rambo、Bid、Bax、Bak、Bcl-xS、Bad、Bik等，有些成员阻止细胞凋亡，如Bcl-2、Bcl-xL、Bcl-w等。

Bcl-2家族成员都含有1～4个Bcl-2同源结构域（BH1～4），并且通常有一个羧基端跨膜结构域。其中BH4是抗凋亡蛋白所特有的结构域，BH3是与促进凋亡有关的结构域。Bcl-2成员之间的二聚体化是成员之间功能实现或功能调节的重要形式。Bcl-2可与细胞中的Bax蛋白质结合构成不同的二聚体（Bcl-2/Bcl-2、Bcl-2/Bax、Bax/Bax），通过它们之间的不同比例来调节细胞凋亡。

Bcl-2家族蛋白是Capase活化和凋亡的关键调控者。Bcl-2家族成员间氨基酸序列同源性较低，但它们包含有高度保守的Bcl-2同源结构域（Bcl-2 Homology）结构域，即BH结构域，包含有BH1、BH2、BH3、BH4。BH结构域与Bcl-2家族成员间形成同或异二聚体有关。

BH3结构域被认为是细胞凋亡所必需的致死性结构域。BH3-only蛋白（Bcl-2 Homology Domain 3 Only Protein）是Bcl-2蛋白家族中启动和调节细胞凋亡的重要成员，如Bcl-2相互作用杀伤蛋白（Bcl-2 Interacting Killer，Bik）、BH3结构域凋亡诱导蛋白（BH3 Iinteracting Domain Death Agonist，Bid）、“损伤蛋白”（Noxa）、P53正向细胞凋亡调控因子（P53 Upregulated Modulator of Apoptosis，Puma）等。BH3-only蛋白能识别不同的细胞刺激形式并被活化，其活性受转录和/或翻译后修饰的调节。BH3-only蛋白通过抑制Bcl-2抗凋亡成员的活性或激活Bax/Bak样促凋亡成员的活性来调节细胞凋亡。

Bcl-2基因编码25～26kD的蛋白，其C端含疏水氨基酸组成的链状结构。这个链可以插到细胞的膜结构中，这一结构特点与Bcl-2调节细胞凋亡的方式和能力密切相关。已经证实Bcl-2蛋白存在于线粒体外膜、核膜和内质网膜上，并通过阻止线粒体细胞色素C释放而发挥抗凋亡作用。有报道，Bcl-2经蛋白酶催化裂解后则转变为促凋亡蛋白质分子，因而可刺激细胞色素 C 从线粒体的释放。此外，Bcl-2 具有保护细胞的功能，Bcl-2 的过度表达可引起细胞核谷胱苷肽(GSH)的积聚，导致核内氧化还原平衡的改变，从而降低了 Caspase 的活性。

Bax 是 Bcl-2 家族中参与细胞凋亡的一个成员，当诱导凋亡时，它从胞液迁移到线粒体和核膜。有研究发现，细胞毒性药物诱发凋亡时，核膜 Bax 水平的上升与核纤层蛋白(Lamin)及 PARP(Poly ADP-ribose Polymerase)两种核蛋白的降解呈正相关。用 Bax 寡核苷酸处理的细胞，只能特异地阻断核纤层蛋白的降解，对 PARP 的降解不起作用。这种效应的调控机制仍然不清楚。

Bcl-xL 蛋白是 Bcl-2 蛋白家族中重要的抗凋亡蛋白，Bcl-xL 基因敲除的小鼠表现出比 Bcl-2 敲除小鼠(几个月内死于肾衰竭)更严重的表型，在胚胎 13 天即死亡。Bcl-xL 具有两种 RNA 拼接形式——长型 Bcl-xL 及短型 Bcl-xS，其中 Bcl-xL mRNA 编码的蛋白功能类似 Bcl-2，可使细胞耐受细胞生长因子撤除而诱导的细胞凋亡。Bcl-xL 在某些肿瘤细胞中的高表达与细胞耐药相关。另外，Bcl-xL 蛋白能够结合和灭活 Apaf-1，阻断对 Caspase-9 活化。相反，促凋亡基因(Bik)可以通过与 Bcl-2 或 Bcl-xL 的结合，促进 Apaf-1/Caspase-9 复合物的游离和 Caspase-9 的活化。

与 Bax 不同，Bak 是目前发现的唯一一个定位于线粒体上的促凋亡蛋白成员。Bax/Bak 异源二聚体能促进线粒体通透性转变孔的开放，跨膜电位下降，并且促进细胞色素 C 的释放，进而诱导凋亡。Bak 可以与线粒体外膜中的 Bcl-xL 结合而其诱导细胞凋亡活性受到抑制。

(三)P53 基因

P53 是根据 P53 蛋白的相对分子质量 53kD 而命名的。P53 基因转录成 2.5kbmRNA，编码含 393 个氨基酸残基的蛋白质。P53 基因的转录本由 11 个外显子和 10 个内含子组成，第 1 个外显子不编码，外显子2、4、5、7、8，分别编码5个进化上高度保守的结构域(13～19、117～142、171～192、236～258、270～286)。

P53蛋白质分子结构包含多个功能域。N-末端的1～80位氨基酸残基为酸性区，C-末端的319～393位氨基酸残基为碱性区。N-末端含转录激活结构域(Activation Domain，AD)，AD1位于1～42氨基酸残基，AD2位于43～92氨基酸残基，AD2与通用转录因子TFⅡD结合而发挥转录激活功能。TFⅡD是由TBP(TATA Binding Protain)和TAF(TBP Associated Factor)结合而成的复合物，P53蛋白与TFⅡD中的TAF结合，作用于下游基因启动子中的TATA Box，达到转录激活功能。P53蛋白65～90位氨基酸残基富含脯氨酸，含5重复的PXXP序列，可与含SH3结构域的蛋白质发生相互作用。P53蛋白还含有4个序列特异的DNA结合结构域，位于102～292氨基酸残基之间，分别位于氨基酸残基117～142，171～181，234～256，270～286。四聚体寡聚化结构域，定位于氨基酸残基334～356。C-末端364～393氨基酸残基为非专一性调节结构域。

人们对P53基因的认识经历了癌基因-抑癌基因的转变。在人类50%以上的肿瘤组织中均发现了P53基因的突变，这是肿瘤中最常见的遗传学改变，说明该基因的改变很可能是人类肿瘤产生的主要发病因素。P53基因突变后，其编码的蛋白质由于其空间构象发生改变，失去了对细胞生长、凋亡和DNA修复的调控作用。正常的P53蛋白在细胞中易水解，半衰期为20min，突变性P53蛋白半衰期为1.4～7h不等。在早期的研究中，研究者能够容易检测分析到的是P53突变基因及其表达产物，因此在自发现伊始的10年中，P53基因一直被视为能够诱发肿瘤产生的癌基因。

P53细胞定位及反式激活功能提示，P53蛋白可能直接或通过与其他蛋白作用参与一些基因的转录控制。正常P53蛋白N-端与转录因子相似的酸性结构域，与酵母(Saccharomyces Cerevisiae)转录激活蛋白GAL4的DNA结合区重组时，表达的融合蛋白能激活 GAL4 操纵子转录，激活功能定位在 P53 基因的第 20～40位密码子。通过流式细胞仪测定单个细胞的细胞周期中 P53 的表达，发现激活的淋巴细胞比未激活者有较多的 P53 表达，而且随细胞从 G1 至 S 期再到 G2，M 期而增加，提示 P53 表达与细胞生长的相关性。P53 siRNA 干扰质粒转染非转化细胞导致细胞生长完全停止，P53 抗体注入将进入生长周期的静止细胞也可抑制细胞进入 S 期，这提示 P53 蛋白可能为 Go/G1-S 转换所必需。

P53 的抑制癌细胞产生的作用与 P53 的 DNA 修复作用相关。正常 P53 具有“基因组卫士(Guardian of the Genome)”的生物功能，在 G1 期检查 DNA 损伤点，监视基因组的完整性。当有自体内和体外的因素造成 DNA 损伤时，P53 蛋白能够阻止 DNA 的复制，以提供足够的时间使损伤 DNA 修复。细胞 P53 依赖的 DNA 损伤检查是通过对细胞周期依赖性蛋白激酶抑制因子 P21 基因的激活来实现的。P21 基因上游 2.4kb 处含有一个 P53 蛋白的特异性结合位点。正常细胞中，P53 的表达水平都很低，当射线或其他因素引起 DNA 损伤时，P53 的表达大量增加，P53 蛋白作用于 P21 基因后使其迅速表达。P21 蛋白是细胞周期的负调控因子，P53 诱导的 P21 的迅速表达从而让细胞阻滞于 G1 期。

当 DNA 损伤修复失败，P53 蛋白则引发细胞凋亡。作为转录因子，P53 可激活上百种基因表达，因此 P53 诱导细胞凋亡的机制被认为有多种形式。P53 可以上调 Bax 的表达以及下调 Bcl-2 的表达水平来共同完成促进细胞凋亡作用。P53 还可通过死亡信号受体蛋白途径诱导凋亡，如 TNF 受体和 Fas 蛋白。另外，P53 还被认为可直接刺激线粒体释放高毒性的氧自由基来引发凋亡。

当基因突变导致 P53 失活时，P21 基因表达降低或消失，损伤的细胞不能依靠阻滞 G1 期来修复受损的 DNA，从而导致细胞 DNA 的错误复制、细胞异化或恶变。

(四)Fas/Apo-1 基因

Fas 又称凋亡蛋白-1(Apoptosis Antigen 1，Apo-1)或死亡受

体，1993年人白细胞分型国际会议统一命名为CD95。Fas蛋白是由FAS基因编码的Ⅰ型跨膜糖蛋白。Fas蛋白前体含335个氨基酸残基，其N-端含有16个疏水性氨基酸组成的信号肽，成熟蛋白含319个氨基酸残基。Fas是肿瘤坏死因子（TNF）受体和神经生长因子（NGF）受体家族的细胞表面分子。这一家族成员在分子结构上均含有细胞外区、跨膜区和胞膜区。Fas基因是位于人染色体10号长臂及小鼠第19号染色体上，由8个内含子和9个外显子组成，其中外显子2、3、4编码蛋白的膜外区（含157个氨基酸残基，其中有2个N-糖基化位点）、外显子6编码跨膜区（含17个疏水性氨基酸残基），外显子9编码胞浆区（含145个氨基酸残基，其中有24个碱性氨基酸和19个酸性氨基酸）。根据氨基酸序列推测Fas的相对分子质量为36kDa，由于糖基化的影响，实际相对分子质量约43kDa。

Fas的细胞凋亡效应是由诱导Fas配体（Fas Ligand，FasL）来实现的。FasL是能够结合到死亡受体Fas的细胞因子。Fas和FasL在免疫系统细胞上的表达相对较高，其介导的细胞凋亡在淋巴细胞的发育和调节中发挥重要作用。Fas/FasL表达缺失的小鼠可出现淋巴细胞在体内的过度积聚和自身免疫现象。

（五）Myc家族基因

Myc（C-myc）是调控基因（Regulator Gene），该基因编码的蛋白是一种多功能、磷酸化核DNA结合蛋白。Myc蛋白在细胞周期进程、细胞凋亡和细胞转化中起重要作用。Myc蛋白能够结合在一些基因的含有5′-CANNTG-3′的靶向DNA序列和招募组蛋白乙酰转移酶（Histone Acetyltransferases，HATs）上，通过这两种调控方式，Myc蛋白被认为能调节所有基因中15%基因的表达。这意味着，除了作为一种典型的转录因子的作用外，Myc也可通过调节组蛋白乙酰化方式调节染色质结构，从而调控基因的表达。

Myc基因是较早发现的一组癌基因，包括C-myc，N-myc，

L-myc，在人类基因组中分别定位于8号染色体，2号染色体和1号染色体。Myc基因及其产物可促进细胞增殖，永生化，去分化和转化等，在多种肿瘤形成过程中处于重要地位。Myc家族基因中的3个成员对肿瘤形成及在肿瘤类型方面存在差异。目前认为，C-myc的扩增与肿瘤发生与转归密切相关，N-myc的扩增对肿瘤的预后判断有意义，L-myc扩增与肿瘤的易患性和预后在不同的肿瘤中表现不一样。研究表明，Myc基因产物，尤其是C-myc在诱导细胞凋亡过程中也起重要作用。

C-myc蛋白在结构上可分为转录激活区，非特异DNA结合区、核靶序列、碱性区、螺旋-环-螺旋（Helix-loop-helix）及亮氨酸拉链区。在C-myc蛋白中，螺旋-环-螺旋紧随着碱性区，揭示其以特异性序列方式和DNA相互作用，该区是C-myc蛋白与DNA特异序列的结合部位。

对程序性细胞死亡研究的深入，发现C-myc蛋白参与诱导细胞凋亡。C-myc基因表达的失调是多种细胞凋亡的主要诱因，细胞发生凋亡的速度及其对诱导因素的敏感性均依赖于细胞C-myc蛋白的含量。尚未成熟胸腺细胞中C-myc基因的高表达是胚胎胸腺细胞凋亡坏死的诱因，而且在细胞凋亡阶段，也观察到C-myc基因的高水平表达，如果用siRNA阻断C-myc基因的表达，则可以抑制细胞凋亡的发生。在许多人类恶性肿瘤细胞中都发现有C-myc的过度表达，它能促进细胞增殖、抑制分化，C-myc还参与细胞凋亡的控制。C-myc对增殖和凋亡的调节机理可能是相同的。作为转录调控因子，一方面激活那些控制细胞增殖的基因，另一方面也激活促进细胞凋亡的基因，给细胞两种选择：增殖或凋亡。当生长因子存在，Bcl-2基因表达时，促进细胞增殖，反之细胞凋亡。

（六）C-fos基因

C-fos基因是即刻早期基因（Immediately Early Genes，IEGs）家族中重要成员之一。在正常情况下C-fos参与细胞的生长、分化、信息传递、学习和记忆等生理过程基因，被认为是研究中枢神经系统最有代表性的即刻早期基因。近年来发现一种 C-fos 基因参与重要脑功能活动的信号转导和调控过程。

在正常情况下中枢系统中 C-fos 基因的表达水平很低，多种刺激因子，如缺氧、光线刺激、机械刺激、疼痛刺激等均可诱导中枢神经系统中 C-fos 基因的表达。细胞受刺激后，第一级神经元兴奋引起神经递质(激素)的分泌，并作为第一信使作用于靶细胞的细胞膜，再由跨膜信号转导机制将信号传入细胞内，激活细胞内的第二信使(如 Ca^{2+} 和 cAMP 等)引起靶细胞的特定反应，在引起细胞瞬时反应的同时，中枢神经系统中 C-fos 基因被激活而转录形成 mRNA，后者进入胞浆，被翻译成相对分子质量为 55kD 的蛋白，即 Fos 蛋白。磷酸化后的 Fos 蛋白经被转运至胞核内并与另一家族原癌基因 C-jun 编码的 Jun 蛋白通过各自 α-螺旋的疏水面(亮氨酸拉链)形成复合物，即转录后激活蛋白(Activator Protein-1，AP-1)。AP-1 与目的基因结合，激活目的基因的转录活性，从而起到第三信使的作用。Fos 蛋白通过作用靶基因，改变其转录水平，介导了细胞外刺激信号转化为调节细胞核内基因表达的信号，参与神经细胞的生长、分化、死亡和损伤后修复的调节，从而对外界刺激作出应答。

C-fos 基因过度表达与神经元凋亡可能有必然联系，且参与细胞凋亡过程。适度的 C-fos 表达参与了 DNA 的损伤修复，具有神经生长因子的作用，而不适当的表达将干预修复功能并导致细胞凋亡。C-fos 在多种细胞凋亡过程中存在过度表达，Fos 蛋白增多，诱导特异表型细胞的凋亡。如在脑损伤中海马部分 C-fos 基因过度表达且表达部位神经元坏死、凋亡细胞明显增多，而 siRNA 干扰 C-fos 基因表达后能阻止细胞凋亡的发生。但其分子调控机制还有待进一步的研究。目前认为，一些神经递质，如谷氨酸、γ-氨基丁酸、一氧化氮等，和胞内第二信使 Ca^{2+}，介导了 Fos 蛋白的神经元凋亡效应，但其分子机制有待阐明。

二、调控细胞凋亡的主要因子

凋亡相关基因激活后，增强了其转录翻译产物水平，后者诱导了促进细胞凋亡的执行者——蛋白质——来完成细胞凋亡的进程。这里主要介绍两类与细胞凋亡密切相关的酶：Caspases 和核酸内切酶(Endogenous DNase)，还简单介绍一下细胞色素 C 和肿瘤坏死因子相关的凋亡诱导配体对细胞凋亡的介导作用。

(一)Caspases

天冬氨酸特异性半胱氨酸蛋白酶(Cysteine-containing Aspartate-specifi)是一类对天冬氨酸特异的半胱氨酸蛋白酶，是与秀丽隐杆线虫 Ced-3 具有序列和结构同源性的一个蛋白家族。Caspases 在细胞凋亡执行过程中直接参与早期凋亡启动、信号传递及晚期凋亡效应。除此之外，部分 Caspases 在细胞分化、细胞增殖、细胞移动中也发挥着作用。

到目前为止，人们已经在哺乳类动物中发现了 14 种 Caspase，这些酶在细胞死亡过程中扮演不同的角色。Caspase-2、-8、-9、-10、-11、-12 是细胞凋亡的初始启动者，Caspase-3、-6、-7 是细胞凋亡的执行者；Caspase-1、-4、-5 被认为与细胞炎症性坏死而非细胞凋亡相关；Caspase-13 被认为是牛基因表达产物，可能是人类 Caspase-4 的同源物；Caspase-14 在胚胎组织中高表达，而在成年组织中不表达，Caspase-14 被认为与促进皮细胞分化成角质形成细胞，从而皮肤可形成表皮屏障有关。

Caspase 在被激活而执行生理功能效应前，均以活性酶原(Pro-caspase)形式存在。Caspases 酶原包含三个结构域：NH2 末端结构域(Prodomain)、约 20kD 大亚基和约 10kD 小亚基。酶原的激活需要在大小亚基和 N-末端结构域内进行切割，然后大小亚基形成异源二聚体，并进而形成具有两个独立活性位点的四聚体，形成的四聚体就是被激活的酶。

活化的 Caspase 具有严格的底物特异性，能特异性剪切天冬氨酸残基后的肽键(Asp-X)，在细胞凋亡过程中降解专一性蛋白质，从而导致其功能的丧失或结构变化。凋亡信号分子激活启动者(Initiator)Caspase 后，通过级联反应，导致执行者(Executioner)Pro-caspase 的活化。活化的执行者 Caspases 可以对细胞凋亡抑制蛋白、细胞结构蛋白，DNA 修复、mRNA 拼接和 DNA 复制等相关的核酸酶等进行降解。通过有效的降解，活化的执行者 Caspase 能切断凋亡细胞与周围细胞的联络、重组细胞骨架、关掉 DNA 复制和修复机器、破坏 DNA 和核结构，因此 Caspases 在细胞凋亡过程中起着重要作用。Caspase 分类和功能见表 5-1。

表 5-1　Caspase 分类和功能

<table>
<tr><th>细胞程序性死亡</th><th>Caspase 类型</th><th>Caspase 命名</th></tr>
<tr><td rowspan="9">细胞凋亡(Apoptosis)</td><td rowspan="6">启动者(Initiator)</td><td>Caspase-2</td></tr>
<tr><td>Caspase-8</td></tr>
<tr><td>Caspase-9</td></tr>
<tr><td>Caspase-10</td></tr>
<tr><td>Caspase-11</td></tr>
<tr><td>Caspase-12</td></tr>
<tr><td rowspan="3">凋亡执行者(Executioner)</td><td>Caspase-3</td></tr>
<tr><td>Caspase-6</td></tr>
<tr><td>Caspase-7</td></tr>
<tr><td rowspan="3">细胞炎症坏死(Pyroptosis)</td><td rowspan="3">炎性反应性(Inflammatory)</td><td>Caspase-1</td></tr>
<tr><td>Caspase-4</td></tr>
<tr><td>Caspase-5</td></tr>
<tr><td rowspan="2">其他</td><td rowspan="2">其他</td><td>Caspase-13</td></tr>
<tr><td>Caspase-14</td></tr>
</table>

（二）DNA 内切酶

典型的细胞凋亡是以细胞核的变化，特别是染色质 DNA 的片段化为主要特征。核酸内切酶在形成细胞凋亡的典型特征——DNA 片段化中，发挥着直接的重要作用。参与细胞凋亡的核酸内切酶可分为二价金属离子依赖性核酸内切酶和二价金属离子非依赖性核酸内切酶。前者主要是 Ca^{2+}、Mg^{2+} 依赖性核酸内切酶、有少数为 Mn^{2+} 依赖性核酸内切酶，是主要的细胞凋亡相关 DNA 内切酶。迄今发现的与细胞凋亡相关的二价金属离子依赖性核酸内切酶主要有 Nuc18、Nuc58 和 Nuc40、DNase Ⅰ、DNase γ、Ca^{2+}/Mn^{2+} 核酸内切酶等。二价金属离子依赖性核酸内切酶的特点是 Ca^{2+}、Mg^{2+} 增强活性，而 Zn^{2+} 抑制其活性，在染色质核小体之间切断双链 DNA，形成 200bp 为基数的 DNA 片段。

Nuc18 是从糖皮质激素诱导的凋亡的大鼠胸腺细胞核中，分离纯化出来的一种核酸内切酶，该酶因其相对分子质量为 18kD，故名 Nuc18。

脱氧核糖核酸内切酶Ⅰ（DNase Ⅰ）是一种分泌性消化酶，相对分子质量为 21kD，其降解的 DNA 条带形成 3′-OH 末端，这一点与细胞凋亡中 DNA 片段化产物末端相同。在细胞内，DNaseⅠ主要位于粗面内质网、高尔基复合体和一些小的分泌性囊泡内，在细胞凋亡时，DNase Ⅰ从细胞质进入到细胞核发挥作用，因在凋亡早期内质网等细胞器和核膜仍然是完整的。

Nuc58 和 Nuc40 是从 IL-2 依赖的细胞毒性 T 细胞系 CTLL2 核中分离纯化而来。当消除培养基中的 IL-2 时，CTLL2 细胞发生凋亡，可检测到 Nuc58 和 Nuc40 的核酸内切酶活性。因其相对分子质量分别为 58kD 和 40kD，故名 Nuc58 和 Nuc40。Nuc58 在细胞质中分布较多，在核中比较少，而 Nuc40 在细胞质和核中均有分布。Nuc58 依赖于 Ca^{2+} 和 Mg^{2+}；而 Nuc40 仅依赖于 Mg^{2+}，但 Ca^{2+} 能促进 Mg^{2+} 的活动。

DNase γ 是从大鼠胸腺细胞中分离纯化而来的。用 γ 射线或地塞米松诱导的凋亡的大鼠胸腺细胞核中，可以检测到明显的 DNase γ 的活性。用蛋白质生物合成抑制剂放线菌酮（Cycloheximide）处理能抑制大鼠胸腺细胞凋亡的诱导，当解除放线菌酮的抑制后，胸腺细胞呈现 DNA 片段化等明显的细胞凋亡特征，同时也能观察到 DNase γ 的内切酶活性。DNase γ 的充分活化需要 Ca^{2+} 和 Mn^{2+} 的存在。

（三）细胞色素 C

细胞色素 C（Cytochrome C）是线粒体呼吸链（Mitochondrial Respiratory Chain，MRC）中传递电子的载体。细胞色素 C 在物种间是非常保守的，高等生物中细胞色素 C 分子含 104 个氨基酸残基，其是一种高度水溶性的蛋白质。细胞色素 C 分子结构中含有结合血红色的 CXXCH（Cys-any-any-Cysteine-Histidine）结构，血红素通过与两个 Cys 形成两个硫酯键结合到细胞色素 C 分子中。血红素中的 Fe 离子通过价态的变化起到电子传递的作用。因此，未结合血红素的细胞色素 C 是没有活性的。没活性的细胞色素 C 从胞浆通过跨膜转运进入线粒体，并与线粒体膜间隙的血红素结合为成熟的细胞色素 C 并带上正电荷，松散地结合于线粒体内膜的外侧，而不能通过外膜。

细胞色素 C 很重要的一个生理功能是参与细胞的能量代谢。在呼吸链的电子传递过程中，电子由复合体-Ⅰ或复合体-Ⅱ，通过泛醌依次传递给复合体-Ⅲ（细胞色素 C 还原酶）、细胞色素 C、复合体-Ⅳ（细胞色素 C 氧化酶），2 个电子最终传递给氧生成 $\cdot O_2^-$，后者与基质中的 $2H^+$ 结合生成水。在电子的传递过程中，伴随着 H^+ 从线粒体基质被泵到内膜外侧，从而建立线粒体跨膜电位（$\Delta\psi$）。当质子从线粒体膜间隙返流回基质中时消耗的电位势能促进 ATP 合成酶生成 ATP。

除了参与线粒体氧化磷酸化能量代谢外，细胞色素 C 还在线粒体途径凋亡中起到重要的启动作用。大量实验研究发现细胞色素C从线粒体释放到细胞浆是多种细胞凋亡的共同表现，细胞色素C是线粒体介导的细胞凋亡途径中不可缺少的重要因子。细胞色素C在凋亡过程中的作用首先是由华人科学家王小东提出的，在研究凋亡时发现的DNA片段（即凋亡片段）依赖于某种细胞器碎片的存在，在细胞浆中提取3种成分，这3种成分分别被命名为凋亡蛋白激活因子1～3（Apaf-1～3），其中Apaf-2为细胞色素C，用细胞色素C注入到鼠的肾上腺皮质肿瘤中能够导致细胞凋亡的发生。细胞色素C对细胞凋亡的作用正在被逐步阐明，目前认为其主要通过Caspase途径和Caspase非依赖途径引起细胞凋亡，并且前者被认为是主要途径。

Caspase途径中，释放到细胞浆中后与凋亡蛋白酶激活因子（Apaf-1）的羧基端WD-40重复序列结合，同时胞浆中的dATP与Apaf-1的核苷酸结合结构域结合，从而促进Apaf-1构象变化并发生同源寡聚化。Apaf-1与Procaspase-9结合而使Procaspase-9募集。细胞色素C、dATP、Aapf-1和Procaspase-9组成聚合体，称为凋亡体（Apoptosome）。凋亡体使Procaspase-9激活，Procaspase-9一旦被激活就能激活其下游的Procaspase-3，最终导致细胞的死亡。

Caspase非依赖途径的细胞凋亡机制还不完全清楚。目前有假设认为可能是在某些凋亡因素的刺激下，Bax、Bak呈过表达状态，当二者表达增加时，能在线粒体膜上聚集，形成一些孔道，该孔道能使细胞色素C从线粒体释放到胞浆，线粒体内Cyt-c减少，导致线粒体氧化磷酸化能量代谢的异常，造成持续性的超氧阴离子（$\cdot O_2^-$）和H_2O_2的产生，引起细胞氧化毒性。另外，细胞色素C释放导致线粒体膜结构遭到破坏，凋亡诱导因子（Apoptosis-inducing Factor，AIF）从线粒体释放而直接导致核凋亡。

（四）凋亡相关基因-2蛋白

凋亡相关基因-2（Apoptosis-linked Gene-2，ALG-2）编码的蛋白被认为与细胞凋亡密切相关，最初被认为具有促凋亡作用。

ALG-2 蛋白是一种 22kD 的胞内 Ca^{2+} 结合蛋白，属于 EF 手型蛋白家族并拥有螺旋-环-螺旋式的 Ca^{2+} 结合结构域。ALG-2 是一个广泛表达的蛋白，其表达量最高的器官为胸腺和肝脏。近年来，ALG-2 对细胞命运的决定作用还有待进一步的研究。在一些癌细胞中，ALG-2 蛋白呈现高表达，这可能是因为机体免疫系统通过细胞凋亡来清除高速生长、增殖癌变的细胞，以维持增殖和凋亡相对平衡状态。但也有研究认为，ALG-2 的高表达也可能导致细胞微管和微细的重排、加快肿瘤细胞生长增殖和转移。

第二节 信息传递与细胞凋亡

细胞凋亡是细胞程序性死亡的一种方式，细胞内外环境的异常均有可能导致细胞凋亡的发生。细胞在各种内源性和外源性的刺激作用下，导致胞内稳态失衡（如 Ca^{2+} 离子、活性氧状态等），引起细胞内凋亡蛋白酶级联降解反应，导致胞浆蛋白的交联（细胞固缩）、细胞骨架的崩解（细胞皱缩）及核酸内切酶活性的升高（DNA 梯状片段化）等（如图 5-1 所示）。

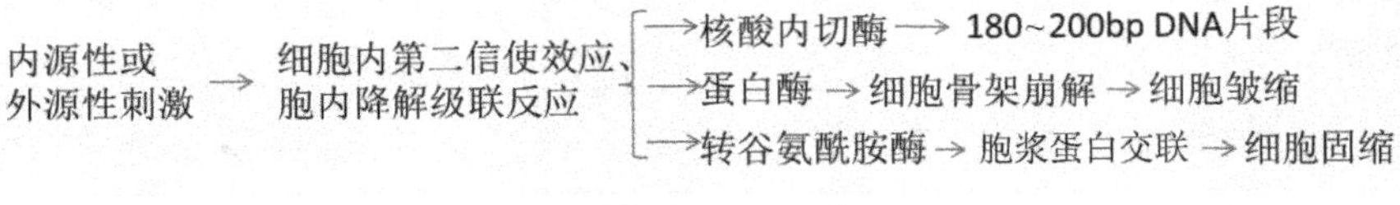

内源性或外源性刺激 → 细胞内第二信使效应、胞内降解级联反应
→核酸内切酶 → 180~200bp DNA片段
→蛋白酶 → 细胞骨架崩解 → 细胞皱缩
→转谷氨酰胺酶 → 胞浆蛋白交联 → 细胞固缩

图 5-1 刺激因素诱导细胞凋亡的信号传递

细胞凋亡与细胞分裂、细胞分化类似，受细胞内多种信号转导途径的控制，是一个级联式基因表达和信号调控的结果。

细胞凋亡很重要的一个途径是细胞凋亡因子或刺激因素主要通过受体介导的信号途径（Receptor-mediated Cellular Signaling Pathways）介导的，受体诱导第二信使系统传递细胞活动信号，信号传递途径决定了细胞的命运。当细胞接受凋亡信号分子（Fas，TNF 等）后，凋亡细胞表面信号分子受体相互聚集并与细胞内的衔接蛋白（Adaptor Protein）结合，这些衔接蛋白

Procaspases聚集在受体部位，Procaspase相互活化并产生级联反应，使细胞凋亡。

一、死亡受体介导的信息传递与细胞凋亡

死亡受体(Death Receptor)包括多种分子。有关死亡受体及其配体的研究是目前细胞凋亡研究的热点之一。死亡受体均属TNFR基因超家族，它们有相似的富含半胱氨酸的胞外结构域。死亡受体都含有同源的胞浆内序列，称为死亡结构域(Death Domain)或死亡区，其主要功能是介导死亡受体诱发的细胞凋亡。目前所知的死亡受体主要有Fas、TNFR1、CAR1、NGFR、DR3、DR4、DR5等。激活这些受体的配体为TNF基因超家族，有FasL、TNF、Apo3L、Apo-2L(TNF相关凋亡诱导配体)等，还不断有新的配体发现。死亡配体与死亡受体结合，通过死亡结构域激发细胞凋亡机制。

到目前为止共发现8种死亡受体，其中TNFR1和TNF被研究最多，它们均通过其配体而被激活起作用。Fas和肿瘤坏死因子可以活化死亡受体复合物，然后由死亡受体复合物激活一系列的上游细胞凋亡执行者——凋亡蛋白酶，再由它们激活下游的细胞凋亡执行者——凋亡蛋白酶来执行促使细胞凋亡的作用。

死亡受体的配体在介导细胞凋亡的过程中起到重要的作用。这里介绍两类死亡受体配体：TRAIL和FasL。

(一)肿瘤坏死因子相关凋亡诱导配体(TRAIL)

肿瘤坏死因子相关凋亡诱导配体(TNF-related Apoptosis-inducing Ligand，TRAIL)，也称凋亡素2配体(APO2L)，是TNF超家族成员。TNF家族包括Fas配体、TNF及TRAIL等。TRAIL能通过与死亡受体结合选择性诱导多种肿瘤细胞系的凋亡。

TRAIL是于1995年在基于其同源性序列FasL/APO1L和

TNF的研究中被确认的。TRAIL是一种Ⅱ型跨膜蛋白,其一级结构中1～14位氨基酸为胞浆区的N-末端,对TRAIL发挥细胞毒性起到重要作用;15～40位氨基酸为疏水跨膜区;41～281位氨基酸位于细胞膜外;119～241位氨基酸残基是其功能部位;C-末端保守性强,形成典型的同源三聚体结构。第230位的半胱氨酸残基(Cys230)对TRAIL维持空间结构及生物活性至关重要,可通过螯合 Zn^{2+} 使TRAIL形成三聚体结构。

目前已确定了TRAIL的5种受体,根据功能的不同,TRAIL受体可分为死亡受体(Death Receptor,DR)DR4和DR5,诱骗受体(Decoy Receptor,DcR)DcR1和DcR2及可溶型受体护骨素(Osteoprotegerin,OPG),前4种均为膜结合型受体。

DR4和DR5二者均含有胞内死亡结构域,与TRAIL结合后能将TRAIL的死亡信息传递至细胞内,激活胞内Caspase级联反应系统和核转录因子(Nuclear Factor-kappa B,NF-κB),最终引起细胞凋亡。

DcR1和DcR2,DcR1没有胞内死亡结构域,而DcR2仅含有1段大小为24个氨基酸的“截短”(Truncated)死亡结构域。诱骗受体可与死亡受体竞争结合TRAIL,诱骗受体由于缺少死亡结构域,与TRAIL结合后不能诱导细胞凋亡。

OPG是一种分泌型糖蛋白,是TNF受体超家族的新成员,其胞内同样缺少死亡结构域,故与TRAIL结合也不能转导凋亡信号。OPG在体内具有抑制破骨细胞发生、增加骨骼密度的作用。

由死亡受体引发的细胞凋亡途径被称为外源性凋亡途径,细胞膜上DR的表达是启动TRAIL诱导的外源性途径细胞凋亡的关键。TRAIL与DR4和DR5结合形成同源三聚体,激活死亡受体中的死亡结构域,导致受体的三聚化并随后装配形成死亡诱导信号复合物(Death-inducing Signaling Complex,DISC)。DISC中接头蛋白——含死亡结构域的Fas相关蛋白(Fas-Associated Protein with Death Domain,FADD)——充当死亡受体复合物

DISC 和引发者 Caspase-8 之间的桥梁。在 FADD 的聚集作用下，Caspase-8 前体（Procaspase-8）被激活而引发级联反应，随后激活下游效应天冬氨酸特异性半胱氨酸蛋白酶，如 Caspase-3、-6、-7（如图 5-2 所示）。

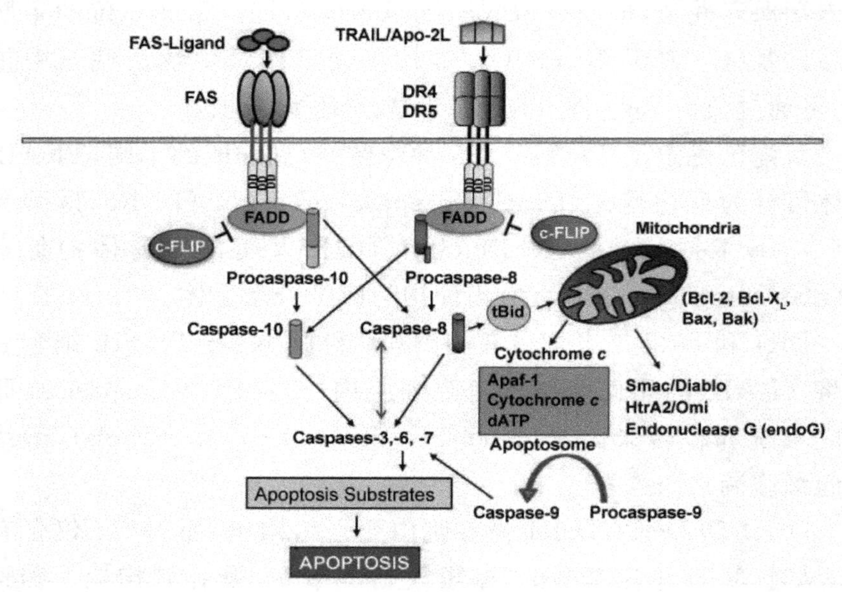

图 5-2 死亡受体介导的细胞凋亡信号转导通路

（图片来源于 Safa AR. J Carcinog Mutagen，2013）

另外，还能激活 Akt 途径、核因子 NF-κB、蛋白激酶 C（PKC）、促分裂原活化蛋白激酶（MAPK）家族成员等，这些被活化的途径或因子能调节 TRAIL 的凋亡诱导活性。

（二）FasL

人的 FasL 或 Fas 配体基因位于 1 号染色体，FasL 是一种Ⅱ型跨膜蛋白，属于肿瘤坏死因子受体超家族成员。FasL 分子含 279 个氨基酸残基，由胞膜外区（179aa）、跨膜区（22aa）和胞浆区（77aa）组成，N-端 150 个氨基酸为 TNF 超家族同源区，同源性主要表现在形成 β 折叠股的序列，在 β 折叠股 c 和 d 之间有一对保守的二硫键，对其空间结构的形成有作用，FasL 的胞浆区富含脯氨酸。FasL 在胞膜外区有 4 个 N-糖基化位点，经过糖基化的

FasL 的相对分子质量为 36～43kD。其是表达细胞毒性的 T 淋巴细胞的三聚体蛋白，FasL 通过 Fas 受体的三聚化转导细胞调控信号。与 TRAIL 相似，它的活化包括一系列步骤：首先配体诱导受体三聚体化，然后在细胞膜上形成凋亡诱导复合物，这个复合物中包括带有死亡结构域的 Fas 相关蛋白 FADD。Fas 一旦和配体 FasL 结合，可通过 Fas 分子启动致死性信号转导，通过激发 Caspases 等途径，引起细胞一系列特征性变化，导致细胞凋亡。

FLIPs（FLICE-inhibirory Proterins）能抑制 Fas/TNFR1 介导的细胞凋亡。它有多种变异体，但其 N-端功能前区（Prodomain）完全相同，C-端长短不一。FLIPs 通过死亡效应功能区（Death Effector Domain，DED），与 FADD 和 Caspase-8，-10 结合，拮抗它们之间的相互作用，从而抑制 Caspase-8，-10 被募集到死亡受体复合体和它们的起始化。

二、胞内细胞第二信使与细胞凋亡

细胞浆内第二信使是非蛋白类小分子，通过其浓度变化（增加或者减少）应答胞外信号分子与细胞表面受体的结合，调节胞内相关蛋白酶的活性和非酶蛋白的活性，从而在细胞信号转导途径中行使携带和放大信号的生理功能。已知的第二信使种类很少，目前认为细胞内重要的第二信使有：cAMP、cGMP、1，2-二酰甘油（Diacylglycerol，DAG）、1，4，5-三磷酸肌醇（Inositol 1，4，5-trisphosphate，IP3）、Ca^{2+} 等，近年来，NO、CO 和 H_2S，甚至活性氧（ROS）的第二信使作用也得到证实。尽管第二信使种类很少，但能转递多种细胞外的不同信息，调节大量不同的生理生化过程，这说明细胞内的信号通路具有明显的通用性。

第二信使的作用方式一般有两种：①直接作用。如 Ca^{2+} 能直接与骨骼肌的肌钙蛋白结合引起肌肉收缩；②间接作用。这是主要的方式，第二信使通过活化蛋白激酶，诱导一系列蛋白质磷酸化，最后引起细胞效应。刺激因子诱导的依赖第二信使的细胞凋亡主要靠间接作用实现。

(一)Ca^{2+}与细胞凋亡

作为细胞内普遍存在的第二信使，Ca^{2+}在信号转导过程中发挥重要作用。Ca^{2+}在细胞凋亡中充当了传递凋亡信号的角色。凋亡时Ca^{2+}的靶点涉及蛋白酶、核酸内切酶、转谷氨酰胺酶以及维持质膜磷脂对称性的酶类等。

Ca^{2+}可以在凋亡通路的多个层次，通过不同的方式调控凋亡的进程，构成凋亡中复杂的钙调控网络。目前已知的三个主要的信号传导通路：①线粒体通路；②死亡受体通路；③内质网通路。这些信号转导通路都与Ca^{2+}有密切关系。Ca^{2+}在这些信号转导通路中的调控作用在第三节中进一步展开论述。

(二)神经酰胺与细胞凋亡

神经酰胺(Ceramide，Cer)作为一种神经鞘磷脂分子，不仅是细胞膜的组成成分，而且可以作为各种信号转导途径的第二信使，参与细胞增殖、分化、衰老和凋亡等生命活动的调节。神经酰胺是细胞内细胞毒素调节剂，内生性神经酰胺在诱导程序性死亡中的作用与以下发现相符：外源细菌的鞘磷脂酶(解离膜鞘磷脂，最终形成神经酰胺)可诱导细胞程序性死亡，而磷脂酶不能。与Cer结构十分相似的神经酰胺类似物如二羟酰基鞘氨醇，虽然其运输、摄取和代谢与神经酰胺相似，但却无细胞毒性作用。这些事实提示神经酰胺是作为程序性死亡的一种内源性介质。

Cer在多种细胞中均被证实具有细胞凋亡的促进作用。在骨髓和淋巴细胞中，神经酰胺衍生物引起早期特殊核小体间DNA片段化，这是细胞凋亡的典型特征。另外，神经酰胺均能诱导造血细胞系和非造血细胞系产生程序性死亡，包括成纤维细胞和纤维肉瘤细胞系，而且神经酰胺诱导的程序性死亡伴随着细胞的形态学改变。

Cer可以被诸如肿瘤坏死因子α(TNF-α)、激素、电离辐射和化疗药物等细胞外信号和受体激活，其主要可以通过内源性凋亡途径和外源性凋亡途径诱导肿瘤细胞凋亡的发生。神经酰胺能激活死亡受体，如Fas、TNF受体，从而激活外源性途径，导致细胞凋亡的发生。神经酰胺还能通过Bcl-2蛋白家族的作用诱导线粒体途径的细胞凋亡。在细胞凋亡的执行途径中，转录因子AP-1是细胞凋亡关键，神经酰胺通过激活AP-1，调节信号转录，引起细胞凋亡。在肿瘤细胞凋亡发生过程中，Cer通过激活Jun氨基末端激酶(JNKs)、有丝分裂原活化蛋白激酶/细胞外信号调节蛋白激酶(MAPK/ERK)和P38等信号通路以及蛋白激酶、组织蛋白酶D、蛋白磷酸酶1(Protein Phosphatase1，PP1)和蛋白磷酸酶2A(Protein Phosphatase2A，PP2A)等效应分子介导肿瘤细胞凋亡。

(三)cAMP与细胞凋亡

cAMP(Cyclic Adenosine Monophosphate)是“腺苷-3′，5′-环化单磷酸”的简称。亦称“环磷酸腺苷”或“环化腺核苷单磷酸”，是由三磷酸腺苷(ATP)脱掉两个磷酸缩合而成的。cAMP是细胞内的第二信使，当细胞受胞外信号分子刺激时，信号分子与受体结合形成复合体，然后激活细胞膜上的鸟苷酸结合蛋白(G蛋白)，被激活的G蛋白再激活细胞膜上的腺苷酸环化酶(Adenylate Cyclase，AC)，腺苷酸环化酶被激活并催化ATP的环化而形成cAMP。生成的cAMP继而调节细胞的生理活动与能量代谢。

作为第二信使的cAMP通过激活cAMP依赖的蛋白激酶A(PKA)，使靶细胞发生蛋白磷酸化，从而调节细胞反应。cAMP最终又被磷酸二酯酶(PDE)水解成5′-AMP而失活。cAMP生成和分解过程依赖Mg^{2+}的存在。AC和PDE可以从两个不同方面调节细胞内cAMP浓度，从而影响细胞、组织、器官的功能。当AC的活性升高时，cAMP浓度升高，当PDE浓度增高时，cAMP浓度降低。PDE对cAMP的调控，不仅取决于PDE的活化、抑制因素，还取决于细胞内PDE的组成、亚细胞分布。另外，cAMP

的水平与细胞的病变发生相关，正常细胞和肿瘤细胞中的cAMP含量是有差异的，一般地在肿瘤细胞内cAMP低于正常细胞水平。

cAMP很重要的一个生理功能是参与细胞的能量代谢的调控。cAMP能激活糖酵解中的一个关键酶——磷酸果糖激酶，催化6-磷酸果糖生成1，6-二磷酸果糖。另外，cAMP还能阻止ATP对磷酸果糖的抑制。此外，cAMP还可通过PKA激活脂肪蛋白激酶，使脂肪水解关键酶——激素敏感性甘油三酯脂肪酶磷酸化而激活，从而促进脂肪水解为甘油和游离脂肪酸。脂肪酸被转移到血液中，结合在血清白蛋白里，然后被转运到其他组织中，特别是心脏、肌肉、肾等组织，进入氧化和三羧酸循环，产生ATP，作为细胞的能源。另外cAMP还参与了糖原合成的调控，如在肾上腺素及胰高血糖素等激素可使cAMP水平升高从而激活PKA，PKA进而使糖原磷酸化酶磷酸化而激活糖原磷酸化激酶，从而使糖原磷酸化酶从无活性的b形式转变为有活性的a形式，后者催化糖原分解为1-P-葡萄糖，从而抑制糖原的合成。

胞内cAMP浓度上升，导致PKA途径的激活，其激活的下游信号可能参与了细胞凋亡的调控过程。在顺铂诱导的胃癌细胞凋亡过程中伴随着胞内cAMP浓度升高现象（细胞内游离Ca^{2+}和cAMP浓度在胃癌细胞凋亡过程中的变化特点）。相似地，双氧水诱导的兔晶状体上皮细胞（LEC）凋亡过程中，也发现了胞内cAMP浓度升高现象（中药对兔晶状体上皮细胞凋亡的cAMP的抑制作用）。由于PKA调控了众多蛋白激酶的磷酸化，因此cAMP对细胞生长及细胞凋亡的调控及细胞凋亡的途径本身可能也是多样性的，可能与刺激物质浓度、作用时间及共同激活的其他相关的调控信号有关。目前认为，G蛋白-cAMP-PKA途径是经典的cAMP反应元件结合蛋白（Cyclic-AMP Response Binding Protein，CREB）调节通路，活化的PKA转入细胞核，磷酸化激活CREB；p-CREB相互形成同源二聚体（有活性）或与其他蛋白形成异源二聚体（无活性），与真核生物启动子中的CRE结合，并在其辅因子 CREB 结合蛋白(CBP)磷酸化的协同作用下,共同调控 CREB 靶基因转录,并影响靶细胞的细胞命运。

三、P53 介导的信号转导与细胞凋亡

自 1979 年 P53 抑癌基因被首次报道以来,人们对 P53 进行了广泛的研究。P53 的调控在机体代谢、发育、生存等过程中发挥着关键作用。P53 基因是肿瘤中突变频率最高的抑癌基因,近年的研究表明它能引起细胞周期阻滞,诱导凋亡和促进细胞终末分化,因此与细胞凋亡存在密切关系。人类 P53 蛋白存在两种形式:野生型(wt P53)和突变型(mt P53),二者均参与调节细胞凋亡,但野生型 P53 对细胞增殖、转化有抑制作用,故能促进凋亡,而突变型 P53 可灭活前者的功能,抑制凋亡并导致细胞转化和过度增殖而产生肿瘤行为。

(一)P53 转录依赖诱导细胞凋亡

P53 发挥抗肿瘤作用是通过诱导肿瘤细胞凋亡来实现的,人们很早就发现了 P53 作为转录因子促进凋亡的功能。作为转录因子,P53 可激活上百种基因表达,这些 P53 靶基因直接参与细胞周期的调控、DNA 损伤的修复,以及细胞衰老、分化及细胞凋亡的调控。P53 靶基因对 P53 功能研究至关重要。cDNA 差异显示技术和 DNA 芯片技术的应用对 P53 靶基因的发现提供了巨大帮助,目前发现的参与细胞凋亡(Apoptosis)调控的 P53 靶基因已有数十种,可大致分为以下几类:死亡受体类,如 Fas 和 DR5/killer;Bcl-2 家族,如 Baa、Noma、PUMA、PTEN 和 IGF-BP1 等。

PUMA 是 Bcl-2 蛋白家族中另一类促凋亡蛋白(BH3-only)中的主要成员。PUMA 存在 4 种亚型(α,β,δ,γ)。BH3 结构域对于 Bcl-2 蛋白家族促凋亡功能至关重要,PUMAδ、PUMAγ 亚型缺少 BH3 结构域,不能诱导凋亡;PUMAα、PUMAβ 亚型 BH3

结构域发生突变也将导致 PUMA 促凋亡活性丧失。PUMA 的启动子上存在两个 P53 结合位点，因此 PUMA 的转录受 P53 的调控，P53 的活化导致 PUMA 基因的转录。

Bcl-xL 是 P53 的一个极其重要抑制因子，其可结合含 BH3 结构的促细胞凋亡 Bcl-2 家族，从而抑制细胞凋亡。有研究认为细胞质中 Bcl-xL 也能与 P53 结合从而阻止了 P53 向细胞核的转移。P53 的活化导致线粒体凋亡途径相关信号的激活、导致细胞凋亡的发生（如图 5-3 所示）。总之，P53 作为转录因子调控下游凋亡相关蛋白的表达，在促使细胞凋亡的过程中发挥重要作用。

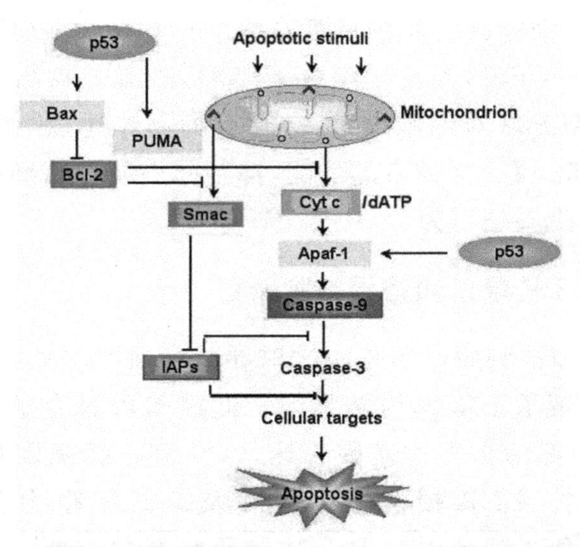

图 5-3 P53 转录依赖诱导细胞凋亡的途径及细胞因子对细胞凋亡的抑制

PUMA：受 P53 基因上调表达的凋亡调控蛋白，也被称为 BBC3；IAPs：凋亡抑制蛋白（Inhibitors of Apoptosis Protein）；Smac（Second Mitochondria-derived Activator of Caspases）：存在于线粒体并调节细胞凋亡的蛋白质

（二）P53 转录活性非依赖诱导细胞凋亡

近年来 P53 不依赖于转录活性而促凋亡的现象逐渐被关注。1994 年，Caelles 等首先发现 P53 在转录和翻译抑制剂存在的情况下同样能诱导凋亡。一些不具有转录活性的 P53 突变体也并不严重影响其促凋亡功能。P53 的转录活性非依赖诱导细胞凋

亡的作用最早在一种表达温度敏感的 P53-Val135 的突变细胞中发现。DNA 损伤后，经抑制基因转录或蛋白质合成抑制物处理，P53 针对的靶基因的转录上调消失，但是细胞的凋亡仍然发生。这些结果说明 P53 在具有转录依赖性的促凋亡功能的同时，也具有转录非依赖性的促凋亡作用。

目前认为 P53 诱导转录非依赖性凋亡的机制主要是细胞内源性凋亡途径实现。P53 转录活性非依赖促凋亡的作用与线粒体关系密切，其执行转录非依赖促凋亡的功能主要通过内源性线粒体途径实现。P53 可能通过控制 Fas 受体的激活或者直接进入线粒体而控制细胞色素 C 的释放，其作用过程包括活化的 P53 向线粒体的快速转位，并与位于线粒体膜上的 Bcl 家族成员相互作用，致使线粒体的外膜通透性改变，使线粒体内的一些促凋亡蛋白(如细胞色素 C、AIF、Smac、HTRA2 等)释放到胞浆，激活胞浆中的效应分子，如 Caspases 蛋白酶，中和凋亡抑制蛋白，从而诱导细胞凋亡。

第三节　胞内 Ca^{2+} 与细胞凋亡

人体内钙元素总量约 1300g，约占人体金属元素总量的 50%。钙元素以结合状态和离子状态两种形式在体内存在。结合状态的钙并没有生理活性，主要作为组成骨骼、牙齿的原料，只有离子状态(Ca^{2+})才具有生理活性。Ca^{2+} 是重要的第二信使，在众多的第二信使中处于枢纽地位。Ca^{2+} 不仅单独作为第二信使起作用，而且也参与或协调其他第二信使的代谢和对细胞生理功能的调节。Ca^{2+} 参与真核细胞跨膜信号转导途径，细胞质内的 Ca^{2+} 对细胞的生存与凋亡有着重要的作用。大量的研究发现胞内 Ca^{2+} 稳态失调是细胞凋亡中一个保守的生化事件，提示 Ca^{2+} 参与了凋亡中的信号转导过程。Ca^{2+} 的分子靶点涉及信号转导因子、蛋白酶、核酸内切酶以及维持质膜磷脂对称性的酶类等。

一、Ca^{2+}对凋亡相关蛋白或因素的调控

Ca^{2+}在细胞凋亡过程中调控多种分子或细胞器靶点，在凋亡因素的刺激作用下，胞内Ca^{2+}水平的升高介导了细胞凋亡的发生。

(一)激活Ca^{2+}活化的蛋白酶导致细胞凋亡的发生

在凋亡因素的刺激作用下，胞内Ca^{2+}水平的升高导致Ca^{2+}依赖的蛋白酶，如钙对中性蛋白酶(简称钙蛋白酶，Calpain)的激活导致细胞凋亡的发生。

细胞内的Calpain以酶原形式存在，其活性受到严格调控，其中Ca^{2+}的活性调节最为重要。Calpain通过Ca^{2+}激活及自裂解而表现出蛋白水解酶活性。胞内游离Ca^{2+}浓度提高到一定程度就导致Calpain的构象变化而表现出蛋白水解酶活性，足量的Ca^{2+}存在条件下也会引起Calpain的自溶及暴露其活性部位。在许多凋亡模型中都发现有Calpain的过表达及快速激活；在一些凋亡细胞中，Calpain的特异性抑制剂可阻止凋亡的发生。Calpain是一种胞内半胱氨酸蛋白酶，除了作为一种对肌肉各种蛋白降解的蛋白酶外，近年来Calpain被认为是凋亡效应分子的蛋白酶。近年来的研究发现Calpains与细胞凋亡有关，活化后的Ccalpain可通过剪切有关凋亡分子蛋白如Bcl-2，Bax，Bid和P53等，以及直接剪切并活化Caspase-3、Caspase-7等方式，从而参与调控细胞凋亡的病理过程。

越来越多的实验证明，Calpain可能作用于细胞质内钙离子的下游来激活凋亡的过程。其作用机制有：

(1)在一些细胞凋亡中可以切割并激活Bax。

(2)切割并激活Bid。

(3)激活内质网上的Caspase-3。

(4)切割X染色体连锁的凋亡抑制蛋白。

(5)激发 Calcineurin 的通路促进凋亡。

(二)Ca^{2+} 激活核酸内切酶,介导或促进 DNA 损伤

Ca^{2+}可能在多个环节上参与细胞凋亡时 DNA 的损伤:

(1)Ca^{2+}的升高可通过激活 Ca^{2+}/Mg^{2+} 依赖性核酸内切酶,导致核小体间 DNA(180～200bp)的断裂。

(2)尽管负责高相对分子质量 DNA 大片段断裂(50～300kb 出现于核小体间 DNA 断裂之前)的核酸酶似乎不依赖于 Ca^{2+},但 Ca^{2+}升高可能通过某些机制(如组蛋白 1 重新分布和拓扑异构酶Ⅱ活化)而影响染色体的结构,使之出现解折叠、扭转张力减低和超螺旋构象改变,而使 DNA 易于被 DNAase 降解。

(三)Ca^{2+} 诱导磷脂酰丝氨酸的暴露及吞噬识别

作为吞噬细胞识别凋亡细胞和凋亡小体的标志,磷脂酰丝氨酸(Phosphatidyl Serine,PS)从质膜内表面的翻转暴露也是一个 Ca^{2+}依赖性的过程。PS 的外露是凋亡中的一个早期现象,其主要功能是作为识别信号启动非炎性的吞噬细胞识别功能。正常情况下,磷脂对称分布于质膜上,磷脂酰胆碱与神经鞘磷脂位于质膜外表面,磷脂酰乙醇胺及 PS 则局限于质膜内表面。在细胞凋亡的早期,质膜的脂质对称性丧失,PS 从质膜内表面翻转,暴露于质膜外表。

(四)Ca^{2+} 诱导组织转谷氨酰胺酶的活化

转谷氨酰胺酶(Transglutaminase,TG)是一个 Ca^{2+}依赖性酶家族,能催化蛋白质的酰基转移反应,生成 ε(γ-谷氨酰)-赖氨酸或 *N*,*N*-双(γ-谷氨酰)-多胺,在蛋白质内部或蛋白质之间形成共价交联,对蛋白质进行翻译后修饰。

组织转谷氨酰胺酶基因是凋亡中可数的几个受诱导的基因之一,在细胞凋亡的研究中发现,其 mRNA 及蛋白质表达水平在凋亡细胞中显著增强。组织转谷氨酰胺酶基因的 mRNA 及蛋白

表达水平与胞内 Ca^{2+} 的升高有密切联系，组织转谷氨酰胺酶的激活也需要持续的胞内高水平 Ca^{2+}。Ca^{2+} 依赖性的组织转谷氨酰胺酶催化的胞内蛋白交联是凋亡过程中的一个重要生化事件。

(五)激活钙调神经磷酸酶(Caocineurin)

体外研究发现活化的 Caocineurin 可以使 Bad 去磷酸化，使其与抑制蛋白 14-3-3 解离，然后转移到线粒体激发细胞色素 C 释放，另外，活化的 Caocineurin 可以引起基因转录的改变。Caocineurin 作为钙离子信号的下游可以作用于线粒体上游的早期凋亡阶段。

(六)影响线粒体膜电位

线粒体内膜跨膜电位 $\Delta\Psi_m$ 是反映线粒体内膜通透性的最佳指标之一。从不同途径流入线粒体的 Ca^{2+} 聚集到一定程度后会直接破坏线粒体膜电位，使 $\Delta\Psi_m$ 崩溃，呼吸链与氧化磷酸化失偶联，ATP 合成停止，线粒体基质 Ca^{2+} 外流，还原性谷胱甘肽和 NAD(P)H 减少，超氧阴离子增加，凋亡诱导因子(Apoptosis Inducing Factor，AIF)及线粒体膜间质凋亡蛋白释放等，从而导致细胞凋亡。

正常状态下，细胞内 Ca^{2+} 浓度维持在较低水平。当细胞受到信号刺激时，如糖皮质激素释放，或是由于钙通道的打开，引起细胞内 Ca^{2+} 浓度升高。胞内游离 Ca^{2+} 是细胞活化的重要信号分子，Ca^{2+} 稳定性破坏是凋亡的关键性因素。细胞凋亡早期，胞浆中 Ca^{2+} 浓度持续升高，可激活多种酶，如 Ca^{2+} 依赖性核酸内切酶、转谷氨酰酶和钙蛋白酶等，这些酶的激活最终导致凋亡细胞结构的改变。Ca^{2+} 浓度升高也会改变转录因子 Fos、Jun、Cerb 等的活性，从而导致基因表达发生变化，而启动细胞凋亡。

二、Ca^{2+} 参与细胞凋亡信号转导通路

目前已知的三个主要的信号转导通路：①死亡受体诱导的凋

亡通路；②线粒体通透性改变引起的凋亡通路；③内质网通路，这些信号转导通路都与 Ca^{2+} 有密切关系。

(一) Ca^{2+} 与死亡受体通路

Fas 抗原可激活细胞中的蛋白酪氨酸激酶（Protein Tyrosine Kinase，PTK），使钙库内 Ca^{2+} 释放以及 Ca^{2+} 进入细胞浆，引起核和细胞线粒体等的损害。Fas 触发的凋亡机制是通过升高 Ca^{2+} 浓度来实现的。Ca^{2+} 结合蛋白对内质网腔内 Ca^{2+} 的变化非常敏感，与 Fas 受体结合后，使其 Ca^{2+} 内流，启动 Fas 受体介导的细胞凋亡。TRAIL 的生物学效应是通过与细胞膜上的相应受体结合而产生。TRAIL 受体与 TRAIL 结合后常形成寡聚体（多为三聚体），这种寡聚体可使胞浆内的死亡功能区彼此靠近、聚集，进而诱使胞浆内的 Caspases 级联式反应发生。TRAIL 受体通过 Fas 相关死亡结构域（Fas Associated Death Domain，FADD）传递信号。TRAILR2 与其配体结合后能选择性地杀伤多种肿瘤细胞而对正常细胞没有毒性，并通过其受体上的 FADD 形成死亡诱导复合体和 Caspase-8。然后启动非线粒体依赖途径和线粒体依赖途径来介导细胞的凋亡信号。

(二) Ca^{2+} 与细胞凋亡的线粒体通路

线粒体是一种存在于大多数细胞中的由两层膜包被的细胞器，是细胞进行有氧呼吸产生能量的主要场所。

在结构上，线粒体由外至内可划分为线粒体外膜（OMM）、线粒体膜间隙、线粒体内膜（IMM）和线粒体基质四个功能区。处于线粒体外侧的膜彼此平行，都是典型的单位膜。其中，线粒体外膜较光滑，起细胞器界膜的作用；线粒体内膜则向内皱褶形成线粒体嵴，负担更多的生化反应。这两层膜将线粒体分出两个区室，位于两层线粒体膜之间的是线粒体膜间隙，被线粒体内膜包裹的是线粒体基质。

相比较而言，线粒体外膜是高通透性，而内膜是低通透性。

外膜上的孔道是细胞凋亡的基本要素，并且这一个过程可能与线粒体内膜孔道的通透性改变有一定的关系。内膜通道中的 Ca^{2+} 单向转运通道是线粒体能量代谢与交换的一个中心环节。该通道的正常功能是沿电化学梯度将 Ca^{2+} 从细胞质转运到线粒体基质中。除刺激线粒体呼吸外，线粒体 Ca^{2+} 内流还起到细胞质内升高的 Ca^{2+} 的缓冲作用，形成线粒体钙库，并有效整合 Ca^{2+} 刺激所引起的反应。

胞内 Ca^{2+} 的升高参与了凋亡早期信号转导和凋亡的执行阶段，而更重要的是在凋亡的早期阶段。细胞凋亡早期线粒体出现内膜渗透性改变、通透性增加、Ca^{2+} 的摄入、跨膜电位降低、细胞色素 C 和凋亡诱导因子的释放等。Ca^{2+} 浓度的改变可以触发线粒体通透孔（Permeability Transition Pore，PTP）开放，PTP 的开放允许相对分子质量＞1500Da 的分子通过，使离子和呼吸链底物在线粒体基质和胞质之间达到平衡，导致线粒体电子传递链与氧化磷酸化解偶联、膜电位降低、ATP 生成的减少、还原性谷胱甘肽的降低、细胞内活性氧的增加，导致线粒体基质膨胀，外膜皱襞少，易于破裂，释放出膜间促凋亡蛋白细胞色素 C 等，最终引起细胞凋亡。

另外，线粒体 Ca^{2+} 激活依赖的 Calpain 在细胞凋亡线粒体途径中也起到重要的作用。胞质 Ca^{2+} 增加引起线粒体 Ca^{2+} 超载，激活线粒体的 Calpain，触发细胞凋亡。Na^{+}/Ca^{2+} 交换蛋白（NCX）是线粒体 Ca^{2+} 流出的主要通道。线粒体 Ca^{2+} 升高激活线粒体 Calpain，剪切 NCX，可能在平滑肌细胞死亡过程中发挥着重要作用。

根据线粒体膜间隙释放的凋亡蛋白如细胞色素 C 和凋亡诱导因子（Apoptosis-inducing Factor，AIF）的不同，凋亡信号通路可分为 Caspase 依赖和非 Caspase 依赖型途径。经典的线粒体凋亡通路是指细胞色素 C、凋亡活化因子-1（Apaf-1）和 Procaspase-9 组成的凋亡复合体激活 Caspase-9，引发下游系列 Caspase 事件。AIF 是 Caspase 非依赖性死亡效应因子，其从线粒体释放后转位至细胞核，使染色质固缩和 DNA 降解。线粒体 Calpain 在 Caspase 依赖型和非依赖型细胞凋亡通路中均发挥着重要的作用。

一方面，Calpain 可直接或间接地与 Caspases 相互作用，在细胞凋亡过程中发挥重要调节作用，活化的 Calpain 能激活 Caspase-3，剪切 Bcl-2 蛋白家族，参与 Caspase 依赖的线粒体途径的细胞凋亡。另一方面，Calpain 可通过非 Caspase 依赖的途径诱导细胞凋亡的发生。AIF 是一种不依赖 Caspase 的凋亡因子，与线粒体内膜紧密连接，在凋亡刺激影响下，AIF 经蛋白酶水解形成 57kD 的成熟 AIF，释放到胞质中，然后转位入核，引起染色质凝集和 DNA 的降解，导致细胞凋亡。Calpain 可能是介导 AIF 剪切及释放过程最重要的酶。

(三)Ca^{2+} 与细胞凋亡的内质网通路

Ca^{2+} 在内质网内可以游离状态存在，也可同内质网内部的钙网蛋白（Calreticulin，CRT）和钙联蛋白（Calnexin）等蛋白结合存在。

胞内 Ca^{2+} 浓度的升高来源于两条途径，即胞外的 Ca^{2+} 内流和胞内钙库的释放，内质网对细胞内的 Ca^{2+} 稳态的维持具有重要的作用。在静息状态下胞浆 Ca^{2+} 为浓度 100～300nmol/L，而内质网腔中 Ca^{2+} 浓度为 10～100μmol/L，因此胞浆中 Ca^{2+}（nmol/L）与内质网钙库中 Ca^{2+}（μmol/L）之间存在浓度梯度。维持这一外低内高的钙梯度和钙稳态的是内质网上的与 Ca^{2+} 的摄入和释放相关的通道。内质网钙的吸收主要靠内质网的 Ca^{2+}-ATPase 钙泵，而 Ca^{2+} 释放主要靠 1，4，5-三磷酸肌醇受体［Inositol-1，4，5-triphosphate（InsP3）Receptor，IP3R］或蓝尼啶受体（Ryanodine Receptor，RyR）。一般认为，在正常的情况下内质网主要通过 RyR 和 IP3R 将内质网腔内的 Ca^{2+} 释放入胞质，通过钙泵从胞浆中摄取 Ca^{2+} 入内质网，从而使内质网中的 Ca^{2+} 达到动态的平衡。生理效应后，大部分被释放到胞浆中的 Ca^{2+} 会由钙泵重新摄取回内质网中，以维持内质网内 Ca^{2+} 浓度，而另一些 Ca^{2+} 则会被细胞膜上的 Ca^{2+}-ATPase 和 Na^{+}-Ca^{2+} 泵清除。Ca^{2+} 的释放和重新摄取形成了内质网腔内游离 Ca^{2+} 浓度的波动(Calcium Oscillation)。

InsP3 受体或蓝尼啶受体表达水平的降低使细胞变得对凋亡不敏感。钙吸收或释放的抑制可直接导致细胞凋亡。毒胡萝卜素(Thapsigargin)抑制内质网的 Ca^{2+}-ATPase，是常用的凋亡诱导剂。钙网蛋白能调节钙库吸收和释放的平衡，其表达异常也影响细胞对凋亡诱导剂的敏感性。

最近发现了 1 个内质网钙过载激活的钙通道，TMCO1 基因编码的定位于内质网的 CLAC(Ca^{2+} Load Activated Ca^{2+})通道，其是一个可以感知内质网中 Ca^{2+} 浓度的跨膜蛋白。当内质网中的 Ca^{2+} 浓度过高时，CLAC 便形成具有钙离子通道活性的四聚体，将内质网中过多的钙离子排出。一旦内质网中的 Ca^{2+} 浓度恢复到正常水平，四聚体便发生解聚，钙通道活性消失。细胞通过该通道蛋白可逆的聚合/解聚，实现了对内质网钙库状态的实时监测和调控。

除了上述 Ca^{2+} 通道外，Ca^{2+} 还要受到一系列复杂的调节蛋白和细胞器内信号的调控，如 FKBP(FK506 Binding Protein)，钙调神经磷酸酶(Calcineurin)，钙调蛋白(Calmodulin)，锚定蛋白(Ankyrin)，Sorcin 蛋白和早老素 1(Presennillin-1)等，其中比较重要的是内质网中与 Ca^{2+} 有关的分子伴侣如钙网织蛋白(Calreticulin)和钙联蛋白(Calnexin)，其对内质网腔内 Ca^{2+} 的变化非常敏感，它通过调节 IP3R 和平滑内质网钙三磷酸腺苷酶(Smooth Endoplasmic Reticulum Calcium Adenosine Triphosphatase, SERCA)的功能而影响内质网的储钙能力。

此外，内质网膜上也存在 Bak 等凋亡蛋白，在凋亡因子的刺激下，Bax 也能在内质网上富聚，Bax 和 Bak 的多聚化和 Caspase-12 的激活可导致细胞凋亡。Caspase-12 也能被细胞内 Ca^{2+} 激活的 calpain 所切割和激活，被激活的 Caspase-12 能直接激活 Caspase-9，从而诱发不依赖于线粒体的细胞凋亡过程。Caspase-12基因缺失的小鼠神经细胞等多种细胞对内质网损伤诱导的凋亡变得不敏感，这进一步说明内质网损伤能直接导致细胞内Caspase激活。

另一方面，内质网钙的释放可直接诱导线粒体的膜孔开放，从而导致线粒体凋亡物质的释放。在细胞内，线粒体Ca^{2+}吸收的位点和内质网Ca^{2+}释放存在近距离相互作用，即InsP3受体释放的钙能直接被线粒体膜上Ca^{2+}吸收蛋白在纳米范围内吸收。有意义的是，最新的研究表明，线粒体释放的细胞色素C能直接与InsP3受体结合，并激活其Ca^{2+}释放活性。因此诱导大量释放的Ca^{2+}再作用于线粒体引发线粒体凋亡物质的释放。由此看来，内质网和线粒体在凋亡调控中存在直接的相互串话（Cross-talk）和相互作用。内质网通过其Ca^{2+}库在凋亡信号接收和放大中起关键作用，而线粒体在接收凋亡信号后，通过释放大量的凋亡物质来启动和实施细胞凋亡。

第四节　Caspases酶与细胞凋亡

一般来说触发凋亡信号转导途径可以分为外部死亡受体途径、线粒体途径和内质网途径。在这些凋亡途径中，Caspase家族蛋白酶充当了重要的角色。细胞凋亡从内外多因子复杂的相互作用诱导产生凋亡信号，死亡受体和线粒体对外来有害刺激或死亡信号进行加工处理，决定是否启动凋亡通路。其以Caspase活化开始，以蛋白底物裂解，细胞解体为结束，从而使细胞凋亡得以完成。

一、Caspase种类及级联激活

Caspase家族在诱导细胞凋亡的分子机制中起着关键作用，

是多条凋亡通路的汇聚点，是执行凋亡的最终途径。目前已知的14种Caspases中，根据Caspases在级联反应上、下游的位置及功能的不同，主要分为三大类：第1类为凋亡始动者，位于级联反应上游，包括Caspase-2、Caspase-8、Caspase-9、Caspase-10、Caspase-11、Caspase-12，在不同的凋亡信号刺激下，能在其他蛋白参与下发生自我活化并激活下游的Caspases。第2类为凋亡执行者，位于级联反应下游，包括Caspase-3、Caspase-6、Caspase-7，能被上游的始动者激活，激活后的Caspases作用于特异性底物使细胞发生生化及形态学改变，导致细胞凋亡的发生。第3类包括Caspase-1、Caspase-4、Caspase-5、Caspase-11、Caspase-13，主要参与细胞因子介导炎症反应。

Caspase酶原至少可以通过三种方式激活：自活化（Autoactivation）、转活化（Transactivation）和非Caspase蛋白酶活化（Activation by Non-caspase Proteinases）。

（1）自活化，Caspase酶原具有很低的蛋白水解活性，它在某种条件下能够自活化，如Caspase-8或Caspase-9的原域中都含有DED，能够形成寡聚复合体，酶原相互接近后局部浓度升高而导致酶原的活化。

（2）转活化，Caspase一旦被激活，能够转活化其他的Caspase酶原，这过程也被称之为级联活化，如Caspase-8能激活几乎所有已知的Caspase酶原，Caspase-9能激活Caspase-3和Caspase-7酶原。

（3）非Caspase蛋白酶活化，Caspase酶原直接被其他非Caspase蛋白酶所活化，如：T细胞的颗粒酶B是一种天冬氨酸特异的丝氨酸蛋白酶，是酶原Caspase-3和Caspase-7的高效激活剂；组织蛋白酶G通过在Gln-194之后进行酶切而激活Caspase-7。

执行者Caspases的活化是细胞凋亡起始的关键一步。启动者Procaspases的活化是有顺序的多步水解的过程，启动者Procaspase分子虽然各异，但是它们活化的过程却相似。首先在

Procaspase 前体的 N-端前肽和大亚基之间的特定位点被水解去除 N-端前肽，然后再在大小亚基之间切割释放大小亚基，由大亚基和小亚基组成异源二聚体，再由两个二聚体形成有活性的四聚体。去除 N-端前肽是 Procaspase 的活化的第一步，也是必须的，但 Caspase-9 例外。活化后的启动者 Caspase 通过 Adaptor 被募集到特定的起始活化复合体，形成同源二聚体构象改变，导致同源分子之间的酶切而自身活化(同源活化)，通常 Caspase-2，-8，-10介导死亡受体通路的细胞凋亡，分别被募集到 Fas 和 TNFR1 死亡受体复合物，而 Caspase-9 参与线粒体通路的细胞凋亡，则被募集到 C 细胞色素 C/dATP/Apaf-1 组成的凋亡体(Apoptosome)，Caspase-12 参与内质网应激途径的细胞凋亡。同源活化是细胞凋亡过程中最早发生的 Capases 水解活化事件，启动 Caspase 活化后，即开启细胞内的死亡程序，通过异源活化(由一种 Caspase 活化另一种 Caspase)方式水解下游执行者 Caspase，将凋亡信号放大，同时将死亡信号向下传递。被异源活化的 Caspase 为执行 caspase，包括 Caspase-3，-6，-7。

在细胞凋亡中 Caspase 的一个重要生理功能是通过级联作用，将上游的凋亡始动者 Caspase 活化信号转导至下游的凋亡执行者 Caspase，导致下游执行者 Caspase 的激活。如 Caspase-8 激活 Caspase-3 有两种途径：

其一，活化的 Caspase-8 剪切 BH3 结构域凋亡诱导蛋白 Bid (Bcl-2 Inhibitory BH3-domain-containing Protein)，使它的—COOH端转位到线粒体，触发线粒体促凋亡因子细胞色素 C 和 SMAC(Second Mitochondria-derived Activator of Caspases)的释放，从而激活 Caspase-9，接着有活性的 Caspase-9 再激活 Procaspase-3，从而使细胞发生凋亡。

其二，活化的 Caspase-8 还可以直接激活 Procaspase-3。

在哺乳动物细胞中，凋亡始动者 Caspase-9 激活效应物 Caspase-3 的过程主要依赖于一个特定的多蛋白复合物，即凋亡体(Apoptosome)，包括 Caspase-9、凋亡蛋白酶激活因子 1(Apaf-1)

和细胞色素C,其中Caspase-9是起始物和效应物反应机构,启动细胞凋亡级联反应下游过程变化。细胞色素C通过与Apaf-1羧基端的WD-40重复的特异性相互作用,而解除Apaf-1的自动抑制;同时胞浆中的dATP与Apaf-1的核苷酸结合结构域结合,从而促进Apaf-1构象变化并发生同源寡聚化。Apaf-1与Procaspase-9的结合而使得Procaspase-9被募集。细胞色素C、dATP、Aapf-1和Pro-caspase-9组成聚合体——凋亡体。那么,凋亡体中Apaf-1是如何激活Caspase-9的?Apaf-1的募集结构域(Caspase Recruitment Domain,CARD)和Procaspase-9之间形成多聚复合体是Pro-caspase-9被激活的基础,但是Apaf-1的CARD结构域与Caspase-9之间1∶1相互作用不足以激活Procaspase-9。最近通过结构生物学研究表明,凋亡体中Apaf-1中位于N-末端的CARD与Caspase-9之间的组装通过两种方式:按照4∶4形成复合物的形式入轨(Dock)到凋亡体的中央枢纽(Central Hub)或以2∶1的复合物形式结合到中央枢纽周边。CARD复合物和中央枢纽之间的界面是Procaspase活化所必需的。没有结合Caspase-9的CARD其酶催化活性受到抑制,一旦结合Pro-caspase-9后,CARD表现酶催化活性,导致Caspase-9的激活。

二、执行者Caspase活化导致的细胞事件

Caspases是细胞凋亡信号效应的启动者和执行者,特别是下游Caspases(如Caspase-6、Caspase-7,Caspase-3)活化后,作用于底物,导致相关蛋白质的裂解,从而激活或者导致其功能的丧失,导致与细胞凋亡的细胞事件的发生。它们能够切断细胞与周围的联系,阻断细胞DNA复制和修复,干扰mRNA剪切,拆散细胞骨架、损伤DNA与核结构,并进一步使之降解为凋亡小体,诱导细胞表达可被其他的细胞吞噬的信号。

(一)灭活凋亡抑制物、导致DNA的片段化

正常活细胞不会出现DNA被核酸内切酶降解而断裂,这是

由于核酸酶和抑制物结合在一起，核酸酶处于无活性状态的缘故。如果抑制物被破坏，核酸酶即可被激活，从而引起 DNA 片段化(Fragmentation)。目前知道 Caspase 可以裂解这种抑制物而激活核酸酶，因而把这种酶称为 Caspase 激活的脱氧核糖核酸酶(Caspase-activated Deoxyribonulease，CAD)，而把它的抑制物称为 ICAD(Inhibitor of CAD)。CAD 与其抑制物 ICD 相结合后，CAD 以一种无活性的复合物形式存在。当 Caspase 剪切 ICAD 后，导致 ICAD 的释放而游离出 CAD，游离的 CAD 进入细胞核内裂解 DNA，导致核 DNA 的片段化、细胞凋亡的发生。

多聚 ADP-核糖聚合酶(Poly ADP-ribose Polymerase，PARP)抑制 Ca^{2+}/Mg^{2+} 依赖的核酸内切酶活性，其与基因完整性的监护相关。当活化的 Caspase 降解 PARP 后，增强了 Ca^{2+}/Mg^{2+} 依赖的核酸内切酶的活性，导致核小体间 DNA 的裂解，最终导致细胞的凋亡。

(二)调节蛋白功能的丧失

Caspase 可以作用于与细胞骨架调节有关的酶或者蛋白，从而影响细胞结构的完整性。如胶原蛋白(Gelsin)、聚合黏附激酶(Focal Adhesion Kinase，FAK)、P21 活化酶 α(PAKα)等。这些蛋白的裂解导致其活性下降而影响细胞骨架的稳定和完整性。

Caspase 可以裂解参与细胞连接或附着的骨架和其他蛋白，使凋亡细胞皱缩、脱落，便于细胞吞噬。

Caspase 还能灭活或者下调与 DNA 修复相关的酶、mRNA 剪切蛋白和 DNA 交联蛋白酶活性。

(三)破坏细胞结构

Caspase 可以直接破坏细胞结构，如裂解核纤层。核纤层(Lamina)是由核纤层蛋白通过聚合作用而连成头尾相接的多聚体，由此形成核膜的骨架结构，使得染色质(Chormatin)得以形成并进行正常的排列。在细胞凋亡发生时，核纤层蛋白作为底物被

Caspase在近分子结构中部的固定位置裂解，从而使核纤层蛋白崩解，最终导致细胞染色质的固缩、凋亡小体的形成。

(四)导致膜脂PS重排，便于吞噬细胞识别并吞噬

在正常细胞中质膜磷脂是不对称的，其中磷脂酰丝氨酸位于细胞膜内侧，而这种磷脂不对称性质膜分布是需要磷脂转位蛋白(Phospholipid Translocator)或称之为翻转酶(Flippase)来维系的。研究发现三磷酸腺苷酶类型11C(Adenosine Triphosphatase Type 11C,ATP11C)和细胞分裂周期蛋白50A(Cell Division Cycle Protein 50A,CDC50A)可能是磷脂转位蛋白，磷脂转位蛋白具有Caspase结合位点，Caspase的活化导致磷脂转位蛋白酶活性的失活，从而导致细胞失去了对磷脂不对称性分布的维持能力，部分磷脂酰丝氨酸(PS)从细胞膜内侧转移到细胞表面。细胞表面分布的PS作为"噬我"的信号，诱导凋亡细胞或者凋亡小体被巨噬细胞吞噬。

三、内源性Caspase抑制剂

迄今为止，人们已发现多种体内凋亡抑制分子，包括P35，CrmA，IAPs，FLIPs以及Bcl-2家族的凋亡抑制分子等。

1. P35和CrmA

P35和CrmA是广谱凋亡抑制剂，体外研究结果表明P35以竞争性结合方式与靶分子形成稳定的具有空间位阻效应的复合体并且抑制Caspases活性，同时P35在位点DMQD|G被靶分子Caspases特异切割，切割后的P35与Caspase的结合更强，CrmA(Cytokine Response Modfer A)是血清蛋白酶抑制剂，能够直接抑制多种蛋白酶的活性。

2. 凋亡抑制蛋白

凋亡抑制蛋白(Inhibitors of Apoptosis Protien，IAPs)为一

组具有抑制凋亡作用的蛋白质,首先从杆状病毒基因组克隆,然后发现能够抑制由病毒感染引起的宿主细胞死亡应答。其特性是有大约 20 个氨基酸组成的功能区,这对 IAPs 抑制凋亡是必需的,它们主要抑制 Caspase-3,-7,而不结合它的 Caspases 酶原,对 Caspase 则既可以结合活化的,又可结合酶原,进而抑制细胞凋亡。

第六章　细胞凋亡的研究方法概述

细胞凋亡是细胞死亡的一种形式，细胞凋亡的发生也是一种渐进的细胞死亡过程，根据凋亡的进程，细胞凋亡分为凋亡早期、凋亡中期、凋亡晚期和凋亡晚晚期。不同的凋亡阶段，细胞有相应的标志性事件发生，采用相应的检测方法能够对细胞凋亡作定性或定量研究。随着细胞凋亡机理研究的深入及生命科学分析技术的发展，凋亡检测细胞凋亡的方法和技术取得了很大的进步。从早期细胞内某些基因转录表达的变化、代谢生理的变化，到晚期细胞形态的确诊、细胞内代谢物质的转变；从群体细胞凋亡的定性、定量到单个细胞原位定性、定量等都发展了相对成熟的检测方法和技术。细胞凋亡的机制十分复杂，一般采用多种方法综合加以判断；同时，不同样品来源的细胞及不同的细胞类型的凋亡分析方法也有所不同，检测方法的选择依赖于具体的研究体系和研究目的。

关于细胞凋亡的检测首先来说是准确性检测，也即检测的结果为细胞的凋亡而不是细胞坏死等其他形式的细胞死亡。凋亡细胞具有一系列不同于坏死细胞的形态特征和生化特征，据此可以鉴别细胞的死亡形式。

本章先概述不同的细胞凋亡检测方法，在接下来的章节中再详细介绍其中一些检测方法的实验原理和实验方案。

第一节　凋亡和坏死的区分

细胞凋亡和坏死是两种比较典型的细胞死亡方式，分别具有比较明显的形态学上或分子生物学上（其中 DNA 的 Ladder 状片段形成是细胞凋亡的重要判断依据）的细胞死亡特征，采用合适的检测方法能够将这两种细胞死亡方式区分开来。可将二者区分开的检测方法：细胞形态学观察（透射电镜是区分凋亡和坏死最可靠的方法），DNA 琼脂糖凝胶电泳（DNA 条带是形成 Ladder 分布还是呈弥散性分布是区分细胞凋亡和坏死的判断依据），Hoechst33342/PI 双染色法流式细胞仪检测，Annexin V/PI 双染色法流式细胞仪检测等。但是有些检测方法只检测了 DNA 的断裂特征或者细胞膜的完整性特征，故不能很好地将细胞凋亡和坏死区分开来。不能将二者区分开的方法有：原位末端标记法、PI 单染色法流式细胞仪检测等。

第二节　细胞凋亡的定性和定量检测方法

定性的检测方法：DNA 琼脂糖凝胶电泳、细胞形态学观察（普通光学显微镜、荧光显微镜、透射电镜）。

进行定量或半定量的检测方法：流式细胞仪方法、原位末端标记法、ELISA 定量琼脂糖凝胶电泳，连接介导的 PCR 检测（Ligation-mediated PCR，LM-PCR）等。

第三节　样品来源与检测方法选择

组织：主要采用形态学方法，如 HE 染色，透射电镜、石蜡包埋组织切片进行原位末端标记，ELISA或将组织碾碎消化做琼脂糖凝胶电泳等。

体外培养的细胞：很多的细胞凋亡检测方法均能应用于培养细胞的凋亡检测。

第四节　不同阶段细胞凋亡的检测

一、早早期检测

（一）细胞内氧化还原状态改变的检测

细胞的正常生化反应需要适度的自由基和还原环境，胞内的内源性谷胱甘肽是维持胞内氧化还原状态的具有氧化还原活性的小分子化合物。正常状态下，谷胱苷肽（GSH）作为细胞的一种重要的氧化还原缓冲剂。细胞内有毒的氧化物通过被GSH还原而去除，氧化型的GSH又可被GSH还原酶迅速还原。这一反应在线粒体中尤为重要，许多呼吸作用中副产物的氧化损伤将由此被去除。当细胞内GSH的氧化非常活跃时，细胞液就由还原环境转为氧化环境，这可能导致了凋亡早期细胞线粒体膜电位的降低，从而使细胞色素C从线粒体内转移到细胞液中，启动凋亡效应器Caspase的级联反应。因此GSH可以作为反映胞内氧化还原稳态的重要生理指标。

细胞氧化还原生化反应过程中需要$NAD(P)H/NAD(P)^+$的参与，$NAD(P)H/NAD(P)^+$的相对水平变化影响胞内氧化还原反应过程，改变氧化还原稳态水平，因此$NAD(P)H/NAD(P)^+$的相对水平也可以作为胞内氧化还原稳态的重要生理指标。

另外，胞内氧化还原状态水平也可以通过直接检测胞内的自由基相对水平，表征胞内氧化还原的改变状况。

(二)凋亡相关基因 mRNA 水平的检测

在细胞凋亡时,有些基因的表达异常,检测这些特异基因的表达水平也成为检测细胞凋亡的一种常用方法。如:Bcl-2 和 Bcl-X(长的)作为抗凋亡(Bcl-2 和 Bcl-X)的调节物,它们的表达水平比例决定了细胞是凋亡还是存活;Bax 和 Bad 等促凋亡基因的表达则促进细胞凋亡进程。用荧光定量 PCR 技术来检测基因表达水平无疑比前者更快更准确。通过检测抗/促凋亡相关基因的 mRNA 表达水平来进行细胞凋亡的早早期检测。

二、早期检测

(一)启动者 Caspase 酶活性的检测

在细胞凋亡早期,凋亡刺激物诱导的细胞凋亡反应转导至凋亡启动者 Caspase,通过级联反应诱导执行者 Caspase 的酶活性。因此执行者 Caspase 的激活(如 Caspase-8,Caspase-9,Caspase-12 酶活性)可以作为细胞凋亡早期的检测指标。

(二)线粒体膜电位变化的检测

线粒体在细胞凋亡中起重要的介导作用,若将纯化的正常的线粒体与纯化的细胞核在一起保温,并不导致细胞核的变化;但若将诱导生成通透性转变孔道(PT 孔道)的线粒体与纯化的细胞核一同保温,细胞核即开始凋亡变化,提示线粒体内容物促进了细胞凋亡的发生。

线粒体跨膜电位的消耗与细胞凋亡有密切关系,一旦线粒体跨膜电位降低到一定的阈值,细胞就会进入不可逆的凋亡过程。在细胞凋亡进程中,线粒体跨膜电位的消耗早于核酸酶的激活,也早于磷酯酰丝氨酸暴露于细胞表面。在促使细胞凋亡机制上,线粒体跨膜电位的降低并不是细胞凋亡的直接因素,而是由于细胞凋亡过程中，线粒体内膜与外膜间形成的通透性转变孔道（PT孔道）改变了线粒体膜的通透性，PT孔道的形成一方面导致了跨膜 H^+ 浓度的降低（线粒体膜电位的降低），另一方面导致了细胞色素C从线粒体通过通透性孔道释放到细胞浆中，细胞色素C进一步诱导了细胞的凋亡。

因此线粒体膜电位的变化可以用作细胞凋亡早期的检测指标。

(三)细胞色素C的定位检测

细胞色素C除了参与线粒体内三羧酸循环产能反应外，还作为一种细胞凋亡信号分子，在细胞凋亡中发挥着重要的作用。正常情况下，细胞色素C存在于线粒体内膜和外膜之间的腔中，凋亡信号刺激使其从线粒体释放至细胞浆，结合凋亡酶激活因子Apaf-1(Apoptotic Protease Activating Factor-1)后启动Caspase级联反应：细胞色素C/Apaf-1复合物激活Caspase-9，Caspase-9再激活Caspase-3和其他下游Caspases。因此细胞色素C在细胞质中的含量可以作为细胞早期凋亡的反映指标。

(四)天冬氨酸特异性半胱氨酸蛋白酶-3(Caspase-3)活性检测法

Caspase家族在介导细胞凋亡的过程中起着非常重要的作用，其中Caspase-3为关键的执行分子，Caspase-3是多种凋亡信号转导细胞信号的共同通路。Caspase-3正常以酶原(32kD)的形式存在于胞浆中，在凋亡的早期阶段，它被激活，活化的Caspase-3由两个大亚基(17kD)和两个小亚基(12kD)组成，裂解相应的胞浆胞核底物，最终导致细胞凋亡。因此Caspase-3的酶活性是重要的细胞凋亡早期检测指标。

(五)磷脂酰丝氨酸(Phosphatidylserine,PS)在细胞外膜上的检测

细胞凋亡启动后，由于维持细胞膜磷脂不对称分布的酶的失活，导致了磷脂酰丝氨酸(PS)的重排，由磷脂双膜的内层翻转到

外层，细胞表面的PS作为一种“噬我”信号，便于凋亡细胞或凋亡小体被吞噬细胞识别并吞噬。因此PS的细胞表面分布也经常用于细胞凋亡早期的检测。

三、晚期检测

根据凋亡发生过程中细胞形态发生的变化，特别是细胞凋亡时细胞核的特征变化，可以通过光学散射、光学显微镜或电子显微镜来观察、判断凋亡的发生。透射电子显微镜观察是判断细胞凋亡的经典方法，凋亡细胞体积变小，细胞质浓缩。细胞凋亡过程中细胞核染色质的形态学改变分为三期：Ⅰ期的细胞核呈波纹状或呈折缝样，部分染色质出现浓缩状态；Ⅱa期细胞核的染色质高度凝聚、边缘化；Ⅱb期的细胞核裂解为碎块，产生凋亡小体。但是形态学观察，看到细胞数目有限，统计学上的准确性受影响。

细胞凋亡晚期中，核酸内切酶在核小体之间剪切核DNA，产生大量长度在180～200bp的DNA片段。对于晚期检测通常有以下方法针对DNA片段化的检测方法——末端脱氧核苷酸转移酶介导的dUTP缺口末端标记（TUNEL）法、连接介导的PCR检测（Ligation-mediated PCR，LM-PCR）等。

连接介导的PCR检测：当凋亡细胞比例较小以及检测样品量很少（如活体组织切片）时，直接琼脂糖电泳可能观察不到核DNA的变化。通过连上特异性接头，专一性地扩增梯度片段，从而灵敏地检测凋亡时产生梯度片段。此外，LM-PCR检测是半定量的，因此相同凋亡程度的不同样品可进行比较。如果细胞量很少，还可在分离提纯DNA后，用32P-ATP和脱氧核糖核苷酸末端转移酶（TdT）使DNA标记，然后进行电泳和放射自显影，观察凋亡细胞中DNA Ladder的形成。

上述TUNEL和LM-PCR两种方法都针对细胞凋亡晚期的核DNA断裂这一特征，但细胞受到其他损伤（如机械损伤，紫外线等）也会产生这一现象，因此它对细胞凋亡的检测会受到其他原因的干扰。需结合其他的方法来检测细胞凋亡。

第七章　凋亡细胞样品制作

细胞凋亡普遍存在于生物界，既发生于生理状态下，也发生于病理状态下。细胞凋亡的研究可能在不同的空间尺度上开展，经典的对细胞凋亡的观察来自个体组织的研究。病理学家 John Kerr 等人在 1965 年开始观察了大鼠急性肺损伤中肺细胞死亡现象，发现了一类与细胞坏死(Necrosis)不同表现的细胞死亡方式，并在 1972 年正式提出细胞凋亡新概念。目前我们研究凋亡的细胞来源更为多样化，除了组织来源外，研究者们可以从组织中分离得到活细胞、对离体的细胞进行培养得到或者利用可以传代培养的瘤细胞。细胞凋亡是细胞死亡的一种方式，环境刺激等外在因素和细胞内环境的失调等内在因素均会导致细胞凋亡的发生。本章只列举一些外在或内在因素导致凋亡发生的细胞模型制作，介绍组织或细胞模型制作的方法和技术。

第一节　病理组织

坏死和凋亡是细胞死亡的两种重要方式，细胞在遭遇环境刺激时，为了应对外界刺激维持自身稳态，会采用不同的细胞死亡方式应对环境变化。坏死组织或细胞内的正常的物质代谢完全停止，所以坏死是一种不可复性的病理变化，除少数坏死是由强烈的致病因子作用而造成组织急速死亡之外，大多数均是在变性、萎缩的基础上发展而来的，是一个由量变到质变的发展过程，所以坏死又称为渐进性坏死。只要致病因素的作用达到一定的时间和强度，能使组织或细胞的物质代谢严重障碍时，均可引起坏死。引起组织和细胞坏死的原因很多，但它们干扰破坏代谢的途径是不同的。引起坏死常见的原因概括起来有：理化因素、机械性因素和生物因素，除此之外，神经营养障碍、免疫机能紊乱等也常能引起组织和细胞的坏死。坏死组织局部的主要变化为细胞内合成代谢停止，而各种组分却在酶的作用下发生分解、自溶，导致细胞破坏、组织结构异常。

而细胞的凋亡有些是生理性的，有些则是病理性的。细胞凋亡是细胞的一种基本生物学生理现象，在多细胞生物去除不需要的或异常的细胞中起着必要的作用。它在生物体的进化、内环境的稳定以及多个系统的发育中起着重要的作用。病理性的细胞凋亡与细胞坏死之间的联系可能存在有量变到质变的关系，当低强度致病因素刺激时导致细胞凋亡的发生，而高强度的致病因素刺激则会导致被动死亡过程——细胞坏死的发生。有研究报道受体相互作用蛋白 3（Receptor-interacting Protein 3，RIP3）在细胞凋亡和坏死之间的转化起到分子开关的作用。对于生理性细胞凋亡的组织制作来说，只需要选取生长发育或者老化过程中的正常组织。而在制作细胞凋亡的病理组织模型时，需要考虑药物或其他刺激因素的作用强度和持续作用时间。

一、光学显微镜组织切片

对组织中凋亡细胞的观察往往是通过组织切片来进行的。光学显微镜观察细胞凋亡组织切片的处理流程大致如下：

组织取材—固定—脱水—石蜡包埋—切片（约 5μm）—脱脂—复水—染色—脱水—树脂包封。

（一）取材

动物实验一般有以下 3 种方式进行取材。

1. 麻醉处死后取材

将动物麻醉断头或脱颈椎处死后取材。优点是取材速度快，缺点是动物死亡会导致脏器淤血。

2. 麻醉后心脏灌流取材

将动物麻醉后先用生理盐水从主动脉灌流，待动物体内血液替换干净后再用固定剂进行灌流，直到动物身体僵硬死亡。这种取材方式能最大限度地使动物组织器官及时得到固定，缺点是不能取血，无法获得血液标本。

3. 麻醉后先腹主动脉取血再取材

将动物麻醉，用注射器从腹主动脉将血液抽出后，再进行取材。优点是能同时获得血液和组织脏器多种标本，缺点是动物取血后会导致脏器的失血性反应。

取材后，切成 2～3mm 厚度的组织块，以便固定。

（二）固定

固定的目的在于保存细胞和组织的原有形态结构，固定剂能阻止内源性溶酶体酶对自身组织和细胞的自溶、抑制细菌和霉菌的生长。固定剂通过凝固、生成添加化合物等使蛋白质内部结构发生改变，从而使酶失活。固定液主要分为醛类固定液、汞类固定液、醇类固定液、氧化剂类固定液、苦味酸盐类固定液等，较为常用的是醛类中的福尔马林、醇类中的乙醇。

4％多聚甲醛溶液是免疫组织化学和培养细胞固定中最常用的固定液之一，它能较好地保护组织和细胞的形态结构。但有报道认为，甲醛能使 DNA 断裂，导致实验中假阳性结果的出现。

Carnoy 固定液又称卡诺氏固定液，主要由乙醇、乙酸等混合而成。适用于一般动物组织和细胞的固定，常用于动植物压片及石蜡切片等，有极快的渗透力，固定最多不超 24h。其特点是能迅速穿透细胞，将其固定并维持染色体结构的完整性，还能够增强染色体的嗜碱性，达到优良染色效果。推荐用于 RNA 和 DNA 染色的组织固定，亦用于糖原染色的组织固定，能够使糖原呈细微颗粒状。由于该液穿透力强，亦可固定外膜致密不宜渗透的组织。组织固定后暂时不用，可置于 70%乙醇中保存。

固定程序：新鲜组织浸泡于 4%多聚甲醛或者其他固定液 24h 以上。将组织从固定液取出在通风橱内用手术刀将目的部位组织修平整，将修切好的组织和对应的标签放于脱水盒内。

(三)脱水

将脱水盒放进吊篮里，于脱水机内依次加入梯度酒精进行脱水。75%酒精 4h→85%酒精 2h→90%酒精 2h→95%酒精 1h→无水乙醇Ⅰ 30min→无水乙醇Ⅱ 30min→醇苯 5～10min→二甲苯Ⅰ 5～10min→二甲苯Ⅱ 5～10min→蜡Ⅰ 1h→蜡Ⅱ1h→蜡Ⅲ 1h。

(四)包埋

将浸好蜡的组织于包埋机内进行包埋。先将融化的蜡放入包埋框，待蜡凝固之前将组织从脱水盒内取出按照包埋面的要求放入包埋框并贴上对应的标签。蜡凝固后将蜡块从包埋框中取出并修整蜡块。

(五)切片

将修整好的蜡块置于石蜡切片机上切片，片厚 4～6μm。切片漂浮于摊片机 40℃温水上将组织展平，用载玻片将组织捞起，并放进 60℃烘箱内烤片。待水烤干蜡烤化后取出常温保存备用。

根据观察手段的不同，组织切片的制作和染色过程也有所不同。苏木精-伊红染色多用于光镜观察；吖啶橙/溴化乙锭染色用于荧光显微镜观察。

免疫组织化学染色利用特异性的抗体(一抗)与组织中的抗原反应，通过经辣根过氧化酶或荧光基团标记的二抗结合，能够观察特定蛋白的表达水平和分布。对于免疫组织化学切片的处理，还要经过抗原的修复工序。

(六)抗原修复

抗原修复主要用于福尔马林或多聚甲醛固定的石蜡包埋组织切片。组织在制作过程中，由于甲醛使蛋白质发生交联，在氨基酸分子间形成亚甲基桥从而造成大部分抗原结合位点(抗原决定族)封闭。为了解决这一问题，目前广泛采用抗原热修复或酶消化法。1991年Shi发现在酸碱溶液中煮沸组织切片能够改变甲醛的固定效应，使交联打开。另外，蛋白酶消化法也可以作为抗原修复用途。对于绝大多数抗体，抗原热修复技术优于酶消化法，抗原热修复技术的效果取决于加热的温度、时间和抗原修复液的酸碱度。

1.抗原热修复

(1)高压热修复

在沸水中加入EDTA(pH值为8.0)或0.01mol/L枸橼酸钠缓冲溶液(pH值为6.0)。盖上不锈钢高压锅的盖子，但不进行锁定。将玻片置于金属染色架上，缓慢加压，使玻片在缓冲液中浸泡5min，然后将盖子锁定，小阀门将会升起来。10min后，去除热源，置入凉水中，当小阀门沉下去后打开盖子。本方法适用于较难检测或核抗原的抗原修复。

(2)煮沸热修复

电炉或者水浴锅加热0.01mol/L枸橼酸钠缓冲溶液(pH值为6.0)至95℃左右，放入组织切片加热10～15min。

(3)微波热修复

在微波炉里加热0.01mol/L枸橼酸钠缓冲溶液(pH值为6.0)至沸腾后将组织芯片放入，微波5～10min，反复1～2次。待修复液降至室温后，PBS洗3次，随后按选好的免疫组织化学的染色方法进行染色。

2.酶消化方法

常用0.1%胰蛋白酶和0.4%胃蛋白酶液。胰蛋白酶使用前预热至37℃,切片也预热至37℃,消化时间约为5～30min;胃蛋白酶消化37℃时间为30min。适用于被固定遮避的抗原。

二、电子显微镜组织切片

电子显微镜的出现大大地推进了生物科学的研究,使生物科学从光学显微水平发展到超显微(电子显微)水平,使人们对细胞内的超显微结构及其功能得到进一步的认识。电子显微镜利用波长比光波长短十几万倍的电子束作照明源,当透射电子显微镜电子枪阴极发射的电子在高压加速场作用下经聚光镜会聚成束后,高速射向薄样品。入射电子束的吸收和散射行为表征了结构信息。样品上质量密度高的区域,入射电子会被样品吸收或散射,而出射束则电子数不足或没有出射电子。反之,质量密度低的区域电子吸收或散射程度小,透过样品的电子多。出射电子束经物镜折射放大,最后落到荧光屏上,即形成许多明暗程度不同的区域,它们反映了样品的结构信息。

(一)取材

由于照明源与光学显微镜不同,电子显微镜观察细胞凋亡的组织切片的制作处理与光学显微镜组织切片也有所差异。电子显微镜对组织的固定更为严格,要求在超微结构方面尽可能保持细胞原有的精细定位,使细胞及其周围的半液态内含物立即凝结,每种细胞器及其所附的大分子,一如活时那样尽可能如实保存下来,而且还要防止组织在固定之后以及脱水包埋等过程中不致改变和损害结构以至丢失细胞的组分。因此取新鲜组织的时间要尽量短,切取的组织块要小,一般0.5～1.0mm^3为宜,另外,动物组织的血液供给停止后,细胞内的各种酶释放出来,使蛋白、核酸迅速降解，细胞很快会发生自溶现象。为了降低酶的活性，要求在“低温”条件下（0℃～4℃）操作，固定液、容器和器械均应预冷。

理想的固定液是既能很好地保存细胞内所有内含物，又能迅速地渗过细胞外的介质和细胞质膜而达到整个细胞内部。目前认为比较好而且使用最广泛的是四氧化锇，其具有强烈的电子染色作用，但其渗透率很慢，更多的是采用先后两次固定方法，第一次固定大都使用戊二醛固定液（无电子染色作用，图像反差较差），经过充分洗涤后，用锇酸作第二固定（即后固定），后固定的时间和温度都和前固定相同。固定液通常是配制在缓冲液中，以稳定由于固定液和细胞体液接触时释放出氢离子而改变 pH 值。此外，缓冲液的另一作用，是以其盐类来增加和维持固定液的渗透压。

（二）脱水

常用的包埋剂是非水溶性的，因此样品必须用脱水剂把组织细胞内的游离水去除干净。常用的脱水剂有乙醇和丙酮。采用逐级脱水，即逐级升高脱水剂的浓度，逐步把水分置换出来的方法。50%→70%→80%→90%→95%→100%（3 次），样品在每一浓度停留 10～20min。脱水一定要彻底，特别是无水乙醇（或丙酮）中不能含有水分。

（三）包埋

理想的包埋剂应具备以下条件：黏度低，容易渗入组织，聚合均匀充分，聚合后体积收缩小，组织无变形，对细胞成分提取少，精细结构保存良好，透明度好；在电镜高倍放大下不显示结构，能耐受电子束的轰击，有良好的切割性能，切片易染色。对人体无害。

固定的组织可以包埋前染色或者包埋后染色。与光学显微镜组织包埋不同，电子显微镜观察用组织的包埋多采用环氧树脂。其优点是聚合均匀，收缩率小（小于 2%），不易生成气泡，在电子束的轰击下切片十分稳定，能很好地保存细胞的精细结构。环氧树脂为热塑性树脂，在一定的硬化剂、催化剂作用下形成不可塑性黄色透明固体。

（四）切片

由于电子束的穿透力很弱，因此用于电子显微镜观察用的组织切片要比光学显微镜薄，须制成厚度约 50～100nm 左右的超薄切片。

（五）电子染色

电学显微镜切片是经过各种生物染料染色后呈现不同颜色，以此来识别各种组织结构。超薄切片的染色以组织细胞的不同结构对电子散射程度不同，而显示出各种超微结构，染色的目的是增强样品中各种结构的电子散射能力，提高样品的反差，只呈现黑白对比。细胞和重金属盐结合，不同结构吸附重金属原子数量的能力不同，结合较多的区域有大的电子散射能力，反差强，结合少的或者没有结合的区域为透明。

电子染色利用某些重金属盐（如铀、铅、锇、钨等）能与细胞的某些结构成分相结合，以增强电子散射能力，从而达到提高样品反差的目的。超薄切片常用的染色液普遍采用双重染色法，即先用铀染色，再用铅染色。醋酸双氧铀能与组织细胞内大多数成分结合，如蛋白质、核酸和胶原纤维等，但对膜结构染色效果较差。柠檬酸铅具有很高的电子密度，对细胞各结构成分均显示极大的亲和力，尤其对细胞膜系统及脂类物质的反差很好。

第二节　离体组织分离

观察组织的细胞状态，除了采用以上组织切片外，直接取活组织中的细胞直接观察。离体组织细胞分离的原则要求是保持细胞在活体中的细胞活力状态，因此分离细胞实验中要维持细胞在近似体液的环境中。组织细胞的分离大致流程：组织取材—组织消化（单细胞分离）—细胞染色观察/细胞生化指标观察。

一、组织取材

样本制作时处死动物要迅速、避免使用化学、药物及其他一切影响机体内环境的方法。在进行离体组织实验时，为了使细胞在离体的情况下还能在一定的时间内保持近似正常的生理活动状态，必须尽可能地在使标本所处的环境和机体内相似，即用人工的方法模拟出机体内环境。生理代用液是很重要的溶液介质，其理化特性（电解质、渗透压、酸碱度、温度等）与体液（组织外液）近似。

生理代用液的基本要求：

（1）电解质——溶液中含有一定比例的不同电解质的离子，如 Na^+、Cl^-、K^+、Mg^{2+}、H^+、OH^- 等，这些离子是组织维持其功能所必需的。

（2）等渗——不同动物对同一种物质的等渗浓度要求不尽相同，如生理盐水溶液，冷血动物用0.6%～0.75%，而温血动物应用0.9%。

（3）pH值——生理代用液的pH值一般要求在7.0～7.8之间，为了调节和稳定生理代用液的pH值，常在生理代用液中加入缓冲液。常用的缓冲液对为 K_2HPO_4/KH_2PO_4、$Na_2CO_3/NaHCO_3$ 等。

（4）能量、营养物质——离体实验中一般用葡萄糖提供组织活动所需的能量。

二、组织消化

对于外周循环液来源的细胞，如淋巴液，经差速离心分离得到较纯化的细胞后直接可以用于细胞的染色观察。外周循环液经离心后由于各种细胞的比重不同可在分层液中形成不同层，这样可根据需要收获目的细胞。需要注意的是，离心速度不能太高，延时也不能太长，以避免挤压或机械损伤细胞。

对于固体组织来源的细胞，由于细胞间结合紧密，为了使组织中的细胞充分分散，形成细胞悬液，可采用机械分散法（物理裂解）和消化分离法。

（一）机械分散法

对所取的含纤维成分很少的组织，如脑组织、部分胚胎组织可采用剪刀剪切、用吸管吹打分散组织细胞或将已充分剪碎分散的组织放在注射器内（用九号针），使细胞通过针头压出，或在不锈钢纱网内用钝物压挤（常用注射器钝端）使细胞从网孔中压挤出。此法分离细胞虽然简便、快速，但对组织机械损伤大，而且细胞分散效果差。此法仅适用于处理纤维成分少的软组织。

（二）消化分离法

组织消化法是把组织剪切成较小团块（或糊状），应用酶（蛋白酶，如胰蛋白酶、胶原酶等）的生化作用和非酶的化学作用进一步使细胞间的桥连结构松动，使团块膨松，由块状变成絮状，此时再采用机械法，用吸管吹打分散或电磁搅拌或在摇珠瓶中振荡，使细胞团块得以较充分地分散，制成少量细胞群团和大量单个细胞的细胞悬液，并通过差速离心分离其中的单细胞。

不同组织来源的消化强度（酶浓度和消化时间）有所差别，实验过程中要作优化条件摸索。组织经酶消化成单细胞后要加血清终止酶活性，以免造成细胞的损伤。

三、细胞染色/细胞生化指标

组织消化得到的细胞经离心分离，重悬浮于（含营养成分的）

等渗生理溶液或者经多聚甲醛/乙醇固定后即可用于细胞染色或者其他凋亡相关的细胞生化指标检测。

第三节　原代细胞培养

离体组织分离得到的细胞直接用于细胞凋亡观察的优点是实验操作方便，但是离体分离单细胞过程中可能造成细胞的刺激作用，因而造成假阳性实验结果的出现；另外，离体分离单细胞直接染色观察细胞凋亡方法也难于观察药物对细胞凋亡的直接影响。

将活体组织成分中的细胞提取出来，放在类似于体内生存环境的体外环境中，让其生长的离体细胞培养(in Vitro Cell Culture)能够比较好地研究药物对细胞凋亡的影响作用。不过，细胞离体后，失去了神经体液的调节和细胞间的相互影响，生活在缺乏动态平衡相对稳定环境中，因此细胞在体内、外还是存在一些差异。非分化终末细胞随着培养时间的延长，特别是细胞分裂次数的增加，易发生如下变化：分化现象减弱；形态功能趋于单一化或生存一定时间后衰退死亡；或发生转化获得不死性，变成可无限生长的连续细胞系或恶性细胞系。因此，培养中的细胞可视为一种在特定的条件下的细胞群体，它们既保持着与体内细胞相同的基本结构和功能，也有一些不同于体内细胞的性状。

理论上各种动物和人体内的所有组织都可以用于体外培养，实际上幼体组织(尤其是胚胎组织)比成年个体的组织容易培养，分化程度低的组织比分化高的容易培养，肿瘤组织比正常组织容易培养。从体内取出组织接种培养到第一次传代阶段我们称为原代培养，也称初代培养。初代培养细胞与体内原组织在形态结构和功能活动上相似性大。原代培养的细胞还是被认为能够比较好地模拟了体内细胞的生理结构和功能，广泛地被应用于细胞结构和功能药物的开发研究。

原代培养细胞与体内原组织在形态结构和功能活动上相似性大。细胞群是异质的(Heterogeneous),也即各细胞的遗传性状互不相同,细胞相互依存性强。

离体细胞培养观察细胞凋亡的大致流程:组织取材—组织消化(单细胞分离)—细胞体外培养—加药处理—细胞染色观察/细胞生化指标观察。

原代细胞培养的方法和流程这里不再赘述,可以参考一些专业的参考书籍。

第四节 传代细胞培养

当原代培养成功以后,随着培养时间的延长和细胞不断分裂,细胞之间相互接触而发生接触性抑制,生长速度减慢甚至停止。此时就需要细胞重新接种到另外的培养器皿(瓶)内,再进行培养,这个重新接种的过程就称为传代(Passage)或者再培养(Subculture)。对单层细胞培养而言,当细胞汇合度达到80%或刚汇合时是较理想的传代时间。

所谓传代是指细胞从接种培养到分离再培养时的过程。在一次传代期内(一代),细胞经历生长潜伏期、指数增生期和停滞期;细胞可能进行了大于一次的有丝分裂过程,也即细胞世代(Generation)或倍增(Doubling),通常在细胞一代中,细胞能倍增3~6次。

传代后的细胞可以在液氮或者-80℃冷冻保存,需要培养时取出复苏再接种培养。因此,传代培养细胞来源于原代培养的非终末分化细胞或者是冷冻保存的细胞系,传代细胞培养可以获得大量的增殖细胞。

正常细胞培养的世代数有限,只有癌细胞和发生转化成癌性细胞才能无限生长下去,当前实验室建立的细胞系中癌细胞系是最多的。

细胞在一次传代期内，一般要经过以下三个阶段：

一、潜伏期(Latent Phase)

细胞接种培养后，先经过一个在培养液中呈悬浮状态的悬浮期。此时细胞胞质回缩，胞体呈圆球形。接着是细胞附着或贴附于支持物表面上。各种细胞贴附速度不同，这与细胞的种类、培养基成分和支持物表面的理化性质等密切相关，底物表面带有阳性电荷利于细胞贴附。

贴附于支持物表面后，细胞进入生长前的潜伏阶段。处在潜伏期的细胞可有运动活动，但少见分裂相，细胞基本无增殖。细胞潜伏期与细胞接种密度、细胞种类和培养基性质等密切相关，细胞接种密度大时潜伏期短。

二、指数增生期(Logarithmic Growth Phase)

当细胞单位时间内分裂出来的细胞数目开始出现并逐渐增多时，标志细胞已进入指数增生期。指数增生期是细胞增殖最旺盛的阶段。细胞分裂相数量可作为判定细胞生长旺盛与否的一个重要标志。体外培养细胞的生长旺盛程度受细胞种类、培养液成分、pH、培养箱温度等多种因素的影响。培养液 pH 和血清含量变动对细胞生长和增殖有很大影响。

指数增生期是细胞一次传代培养中活力最好的时期，因此是进行各种实验最好的和最主要的阶段。细胞进入指数增生期后，随着细胞数量不断增多、生长空间渐趋减少，最后细胞相互接触汇合成片。对于正常细胞，由于细胞的相互接触能抑制细胞的运动，导致正常细胞生长的抑制，这称之为接触抑制(Contact Inhibition)现象。而肿瘤细胞则无接触抑制现象，因此当接触汇合成片后，肿瘤细胞能继续移动和增殖，细胞向三维空间扩展，发生堆积(Piled Up)。

细胞接触汇合成片后，虽发生接触抑制，但是只要营养充分，细胞仍然能够进行增殖分裂，因此细胞数量仍在增多。当细胞密度进一步增大，培养液中营养成分减少，代谢产物增多时，细胞因营养的枯竭和代谢物的影响，则发生密度抑制（Density Inhibition），导致细胞分裂停止。

对于凋亡细胞造模来说，指数增生期前期是加药造模的较好时期，在药物处理至细胞检测期内细胞最好仍然处于未汇合成片的指数增生期内。

三、停滞期（Stagnate Phase）

细胞数量达饱和密度后，细胞遂停止增殖，进入停滞期，此时细胞数目不再增加。停滞期细胞虽不增殖，但仍有代谢活动，因此细胞继续消耗培养液中营养成分，并分泌代谢产物，从而导致代谢产物的积累、培养液 pH 值的降低。此时需对细胞进行分离培养即传代，否则细胞会中毒，轻则发生形态改变，重则从底物脱落死亡。

传代过晚会影响下一代细胞的机能状态。在这种情况下，虽进行了传代，因细胞已受损，需要恢复培养，至少还要再传 1～2 代，通过换液淘汰掉死细胞和修复损伤的细胞。

传代细胞培养观察细胞凋亡的大致流程：细胞复苏—细胞传代培养—细胞铺板培养—加药处理—细胞染色观察/细胞生化指标观察。

传代细胞培养的方法和流程这里不再赘述，可以参考一些专业的参考书籍。

第八章　细胞凋亡的形态学观察

细胞凋亡(Apoptosis)主要是根据细胞死亡时细胞碎裂如花瓣或树叶散落般的形态学特征而命名。尽管目前对细胞凋亡的认识在细胞和分子生物学水平上正不断得到深化,检测凋亡细胞的方法也逐渐增多,但形态学改变仍是确定细胞凋亡的最可靠的判断方法。根据对细胞形态观察侧重点及手段的不同,细胞形态学的观察方法也有很多样。本章介绍了通过光学和电子显微镜观察细胞凋亡形态变化特征的检测原理和一些常用的实验方法。

第一节　检测原理

细胞凋亡过程中细胞从其周围的组织中脱落并被吞噬,机体无炎症反应。细胞凋亡往往涉及单个细胞,即便是一小部分细胞凋亡也是非同步发生的。凋亡发生过程中,细胞浆浓缩而导致细胞体积收缩,核糖体、线粒体等聚集,结构更加紧密。染色质凝集、分块成新月状附于核膜周边,嗜碱性增强,细胞核固缩呈均一的致密物,进而断裂为大小不一的片段。随着凋亡进程的加重,胞质进一步凝缩,最后细胞核断裂,细胞通过出芽的方式形成许多大小不等的由胞膜包裹的凋亡小体(Apoptosis Body);凋亡小体内可含有细胞浆、有结构完整的细胞器和凝缩的染色体碎片,有的不含核碎片。在机体中凋亡小体被具有吞噬功能的细胞如巨噬细胞、上皮细胞等吞噬、降解,因为凋亡发生过程中细胞膜始终处于膜封闭状态,细胞内容物不会直接释放到胞外,故不会引起炎症反应。在体外培养的细胞中，凋亡晚期导致细胞的死亡，但由于缺乏细胞吞噬以及细胞渗透压的改变，往往会导致细胞内容物的释放。

根据凋亡发生过程中细胞形态发生的变化，特别是细胞凋亡时细胞核的特征变化，可以通过光学散射、光学显微镜或电子显微镜来观察、判断凋亡的发生。

一、光散射法分析

在流式细胞计数（Flow Cytometry，FCM）系统中，被检细胞在液流中通过仪器测量区时，经激光照射，细胞向空间360°立体角的所有方向散射光线，其中前向散射光（FSC）的强度与细胞大小有关，而侧向散射光（SSC）的强度与质膜和细胞内部的折射率有关。正常细胞FSC高而SSC低。细胞凋亡时，细胞固缩，体积变小，核碎裂形成，细胞内颗粒往往增多，故凋亡细胞FSC降低而SSC增高。与凋亡细胞相比，坏死细胞由于胞体肿胀，细胞核亦碎裂分解，故FSC和SSC均增高。

根据光散射特性检测凋亡细胞最主要的优点是可以将光散射特性与细胞表面免疫荧光分析结合起来，用以区别辨认经这些特殊处理发生选择凋亡的淋巴细胞亚型，也可用于活细胞分类。值得注意的是，根据FSC和SSC判断凋亡细胞的可靠性受被测细胞形态上的均一性和核细胞浆比率影响很大，因此在某些淋巴细胞凋亡中，用光散射特性检测凋亡的可靠性较好而在肿瘤细胞凋亡中其可靠性较差。

二、光学显微镜观察

（一）HE染色观察

苏木精（Hemotoxylin）染液为碱性染料，可将细胞核内的染色质与胞质内的核酸着紫蓝色；伊红（Eosin）为酸性染料，将细胞质和细胞外基质中的成分着红色。凋亡细胞大多数与周围组织结合很弱，在脱脂、水化处理过程中结合组织容易分离、甚至脱落，在切片苏木精—伊红(Hemotoxylin-eosin，HE)染色中呈HE拒染的无色，凋亡细胞HE染色后，光镜下细胞呈圆形，胞浆红染，细胞核染色质聚集成团块状成深紫蓝色。由于凋亡细胞迅速被吞噬，又无炎症反应，因此，在常规切片检查时，一般不易发现，但在某些组织如反应性增生的次级淋巴滤泡生发中心则易见到。感染病毒性肝炎时，嗜酸性小体形成即细胞凋亡。

HE染色光学显微镜方法虽简便易行，但在细胞密集的组织中对于改变不典型的细胞判断较困难，常缺乏较为特征的指标，具有较强的主观性，重复性差。

HE染色用的苏木精是一种树木的氧化产品，因为这种树非常罕见，多数氧化苏木精是合成品。苏木精必须氧化成熟后才能使用。苏木精染液需要预先配制，放置几个月自然氧化成熟。或购买成熟过的商品苏木精，也可在苏木精液中加一些成熟剂。

苏木精本身对组织没有染色作用，需要“媒染剂”与组织连接，媒染剂是铁、铝、钨等由这类正离子金属提供。矾也是苏木精常用的媒染剂，如Harris苏木精的配制以硫酸铝钾(钾明矾)或铵明矾作为媒染剂。不同媒染剂配制的苏木精染色强度不同。苏木精作为一种基础染料对细胞核的核酸具有一定的亲和力。

苏木精可以进行“退行性”或者“进行性”染色，退行性染色是把切片在染液内留一段时间，然后从染液里出来用盐酸乙醇分化，去除过染的一部分。这种方法最适合大批量的染色。进行性染色切片在染液中染到自己想要的染色强度，如冰冻染色。冰冻染色比较简单，但染色质量不如成批处理的好。

表8-1为苏木精溶液的配制。先将苏木精溶于酒精，再将矾放进蒸馏水中，把苏木精溶液与矾溶液混合后，电炉加热溶解，待到煮沸后离开电炉，稍候片刻慢慢加入氧化汞0.5g。然后使液体迅速冷却，过滤后使用，使用前每100mL苏木精溶液加入冰醋酸3～4mL。

表 8-1　苏木精液的配制

苏木精	1g
无水酒精	10mL
硫酸铝钾或硫酸铝铵	20g
蒸馏水	200mL
冰醋酸	4mL

伊红是一种酸性染料，和细胞的胞浆成分具有亲合力。有各种合成的伊红可共使用，它们的颜色各异，但作用都一样。在实验室中伊红比苏木精更稳定，伊红很少发生染色问题。唯一可以见到的问题是过染(Overstaining)，尤其是脱钙组织。

表 8-2 为伊红水溶液配制。先用少量蒸馏水溶解伊红，再用玻璃棒搅拌溶解，完全溶解后加入剩余的蒸馏水。

苏木精染色后分化需要蓝化处理，可以采用盐酸乙醇液体，其配制用品如表 8-3 所列。

表 8-2　伊红水溶液配制

伊红 Y	0.5g
蒸馏水	100mL

表 8-3　盐酸乙醇液配制

75%乙醇	100mL
浓盐酸	0.5mL

苏木精染色分化后还需蓝化处理，蓝化液体可以采用氨水溶液，如表 8-4 所列。

充分混合，标记液体日期。对事先冻存过的组织会引起脱片。

表 8-4　蓝化液(氨水)配制

氢氧化铵	5mL
蒸馏水	1000mL

(二)吖啶橙/溴化乙锭双荧光染色观察

吖啶橙：3,6-(二甲胺基)吖啶盐酸盐，分子式 $C_{17}H_{19}N_3$ ·

$HCl \cdot ZnCl_2$，相对分子质量 438.12。吖啶橙是一种荧光色素，其检测激发滤光片波长为 488nm，荧光发射波峰为 530nm。该染料具有膜通透性，能透过细胞膜，使核 DNA 和 RNA 染色。它与细胞中 DNA 和 RNA 结合量存在差别，可发出不同颜色的荧光；其与双链 DNA 的结合方式是嵌入双链之间，而与单链 DNA 和 RNA 的结合则是静电吸附堆积在核酸的磷酸根上。在蓝光(490nm)激发下，细胞核发亮绿色的荧光(530nm)，核仁和胞质发橘红色荧光(>580nm)。吖啶橙可透过正常细胞膜，在荧光显微镜下观察正常细胞核因含 DNA 显示黄绿色荧光，细胞质均匀，与核仁都显示橘红色荧光，且铺展面积较大。凋亡细胞体积明显缩小，染色质固缩或断裂为大小不等的片断，细胞核呈致密浓染的黄绿色或黄绿色碎片颗粒，碎裂的核有膜包裹着，凸起于细胞表面呈黄绿色或橘红色泡状膨出及凋亡小体，而坏死细胞黄荧光减弱甚至消失。

溴乙锭(EB)仅能透过细胞膜受损的细胞，嵌入核 DNA，发橘红色荧光。

AO/EB 双染色在荧光显微镜下观察，可见四种细胞形态：活细胞(VN)，核染色质着绿色并呈正常结构；早期凋亡细胞(VA)，核染色质着绿色呈固缩状或圆珠状；非凋亡的死亡细胞(NVN)，核染色质着橘红色并呈正常结构；晚期凋亡细胞(NVA)，核染色质为橘红色并呈固缩状或圆珠状。

(三)台盼蓝染色

此方法对反映细胞膜的完整性，在细胞培养中对区别死亡细胞有一定的帮助，但该法不能区别由坏死或凋亡导致的细胞死亡。当台盼蓝染料分子(Trypan Blue)与细胞混合时，活细胞或存活细胞(包括正常细胞或凋亡细胞)因其细胞膜完整不被染料透过；而死亡的细胞因细胞膜破损而被染料透过，台盼蓝染料进入细胞，细胞胞体变蓝。通过显微镜可看到死的细胞被染色，因此它比活的细胞颜色要深一些。这些在颜色上的差异正是区别活细胞和死细胞的依据。

三、透射电镜观察

电子显微镜是观察细胞形态最好的方法之一，在透射电镜图像中正常细胞的细胞核和细胞器的结构清晰易辨。电镜下细胞凋亡的形态学变化是多阶段的，凋亡早期细胞染色质固缩并凝结成块，聚集在核膜周边呈新月状或环状小体，细胞浆浓缩，内质网变疏松并与胞膜融合，形成一个个空泡。细胞凋亡的晚期，细胞核裂解为碎块，产生凋亡小体，但胞膜完整、线粒体结构无明显改变。

坏死细胞的核膜破裂，染色质稀疏呈絮状或细颗粒状，分布无规律，边界不清，细胞浆肿胀，细胞器结构破坏，细胞膜不完整。

第二节　实验方案

实验一、HE 染色光学显微镜观察神经细胞凋亡

(一)实验材料

大鼠海马组织，无水乙醇，二甲苯，显微镜用中性树胶，苏木精-伊红染液，0.9%生理盐水，4%多聚甲醛溶液。

石蜡包埋机，恒温摊片烤片机，RM2245 半自动轮转切片机，HI1220 烘片机。

(二)实验方法

包括组织取材、固定、脱水、透明、浸蜡、包埋、切片与粘片、脱蜡、染色、脱水、透明、封片等步骤。

1. 取材

将大鼠颈后部皮肤用止血钳夹住固定后悬挂于铁架台上，用

手用力拉住大鼠的双脚，剪开股动脉使其大量失血而死。待动物停止出血的时候用剪刀剪断头部，将头部置于解剖盘上等待解剖。用骨钳将头骨剪开，小心剪断连接的神经后，取下完整大脑。

2. 固定

在整个石蜡切片过程中，大脑组织的固定是组织随后脱水、透明、浸蜡等处理的第一步，也是最重要的一步。大脑组织固定的目的在于保存组织。当大脑处于离体状态后要尽快地用甲醛液浸泡，使组织具有一定的硬度。固定大脑组织时要注意保持大脑原有的正常的状态，不得发生变形和扭曲。

将整个大脑组织用生理盐水洗一下，立即投入4%多聚甲醛中固定，固定24h。固定液必须新鲜配制，配好后存放在阴凉处，避免阳光直晒，以免引起化学变化，以至于达不到很好的固定效果。此外，在固定大脑时，固定液必须充足。之后在容器外贴上标签，以免相互混淆。标签上用黑色记号笔注明固定液、材料来源、日期等。

3. 梯度脱水

从低浓度酒精到高浓度酒精依次用70%酒精过夜，80%酒精2h，95%酒精1h2次，100%酒精1h2次来进行梯度洗脱。注意高浓度酒精时间不能太长，否则容易造成组织碎裂。梯度脱水，目的在于从大脑组织中移去多余的水分。

4. 透明

用二甲苯对组织进行透明处理，浸泡为1h2次。由于脑组织含水量丰富所以浸泡中途更换一次二甲苯。当组织中全部浸透二甲苯时，光线可以透过，组织呈现出不同程度的透明状态。透明过程中，要随时盖紧盖子，以免空气中的水分进入影响结果。

5. 浸蜡和包埋

包埋操作过程是否规范对后续组织切片具有重要的决定

意义。

(1)给浸蜡池加入适量石蜡,盖好盖板。

(2)将包埋盒放入包埋盒预热池中,拉上盖板。

(3)将包埋蜡预热存储缸内加满石蜡,盖好盖板。

(4)开机:

①按冷台机开关键,冷台机进入工作状态。

②按包埋机开关键3s,所有的指示灯和显示进入工作状态。

③设定温度:根据环境温度,把各工作区域设定为合适的温度。

(5)包埋:进入开始工作状态,将大鼠脑组织切成厚约10mm的组织块后,在热台上操作,将其放入不锈钢的模型中,注入蜡液,使得液面刚好与模型的上缘齐平,注意蜡液面的高度。用干净的热镊子将石蜡液中的大脑组织位置摆正后,将所有组织依次放入模型的底部,组织与蜡液充分融合后,一起迅速移动模型到冷台上,底部石蜡刚开始凝固,待组织埋平后,迅速盖上包埋盒再注上适量蜡液,10～15s后包埋盒与模型周边的蜡液就差不多凝固。浸蜡的目的是除去组织中的二甲苯,使石蜡渗透到组织内部达到饱和程度以便包埋。为了切片的顺利进行,注意包埋表面要保持平行,不能有前后、左右倾斜的现象。组织也不能排列得太松散,这样会造成切片的时候遗漏组织。此外,组织堆得太高也会产生组织间的挤压,不利于切片和观察。利用包埋机热台和冷台进行包埋后,按照之前的分组给包埋好的组织在塑料包埋模的边筐上写上记号,以便正确进行包埋操作。

(6)把包埋好的包埋模移动到冷台机进行冷却。依次按照此方法将所有大脑组织进行包埋。

(7)关机:包埋结束,把分体机的开关关闭。

6. 切片

(1)开机:打开电源开关,控制面板上指示灯和显示部分均进入工作状态。

(2)切片：

①将已修好石蜡框边缘多余石蜡的石蜡模装在切片机的夹物台上，将切片刀固定在刀架上，刀口向上，按快进或快退按钮，使样品与刀之间处于一个合适的位置。

②选择“TRIM/μm”修块方式，选择修块厚度4.5μm。

③旋转手轮来修块，直至将样品表面修平为止。

④选择“SECT/μm”切片方式，选择4μm切片厚度。

⑤旋转手轮来切片，让蜡块切成蜡带，左手持毛笔将蜡带提起，注意掌握样品上下运动的速度，以达到合适的切片效果。当切出完全组织时，右手用另一支毛笔轻轻将蜡带挑起，避免蜡带卷曲，并牵引成一个平整的面，这样才算一个完整的切片。依次把所有组织进行修块和切片步骤。

(3)所有切片完成后，锁紧手轮，将刀片取下，用毛刷将切片机上碎屑清扫干净。

(4)关机：关掉电源。

7. 摊片

(1)向摊片机水槽中注入适量的蒸馏水(液面高度不能低于10mm)。

(2)接通仪器背面的电源开关，操作面板上的“Power”绿色指示灯亮。

(3)按“RUN/STOP”键，数码管显示水的实际温度，仪器同时开始加热，直至加热到上一次储存的温度设置值。

(4)按“RUN/STOP”键，如数码管显示水温的实际温度高于上一次储存的温度则仪器不加热。只有设置的温度值高于实际水温，仪器才会加热，直至到新设置的温度值。

(5)每天的日常工作中如需临时关机，可以用“RUN/STOP”键，不必每次都操作主电源开关来关机。

(6)每天工作完毕，要关闭主电源开关。

(7)设置温度：根据环境温度设置所需温度：按住温度选择键

不放，数码管开始的8个数字变化较慢，然后变化较快，按向上键，向上设置温度；按向下键，向下设置温度。修改所设置的温度到40℃，直至所需要的温度值时松开按键，此时设置的温度值被自动存储，该设置值还显示约2s，然后自动转为显示实际温度。

(8)按“SET”键，可以检查所设置的温度。即使关机，设置的温度值仍被存储。先按“SET”键不放，再按向上键，然后同时松手，可以显示小数点后一位的数字。

(9)摊片：将切得的片子一头接触水面，接着以适当的角度缓缓将片摊展水面之上，一定要保持水面清洁。

(10)捞片：取清洁的载玻片，滴一滴蛋白甘油于玻片中央，然后用洗净的手指加以涂抹，使其成为均匀薄层。以涂有蛋白甘油的玻片沿适当的角度捞起展平的切片。

(11)关机：在所有摊片结束后，按摊片机面板“RUN/STOP”键，然后按电源开关。最后把摊片机内的水倒掉，擦拭干净。

8. 烘片

(1)接通仪器背面的电源开关，操作面板上的“POWER”绿色指示灯亮。

(2)按“RUN/STOP”键，数码管显示铝板的实际温度，仪器同时开始加热，直至加热到上一次所存储的温度设置值。

(3)按“RUN/STOP”键，如数码管显示铝板的实际温度高于上一次所存储的温度，仪器不会加热。只有设置的温度值高于铝板的实际温度，仪器才会加热，直至到新设置的温度值。

(4)每天的日常工作中如需临时关机，可以用“RUN/STOP”键，不必每次都操作主电源开关来关机。

(5)每天工作完毕，要关闭主电源开关。

(6)设置温度：根据环境温度设置所需温度：按向上键，向上设置温度；按向下键，向下设置温度。按住温度选择键不放，数码管开始的8个数字变化较慢，然后变化较快。直至所需要的温度值时松开按键，此时设置的温度值被自动储存。设置烘片温度为38℃。

(7)按“SET”键，可以检查所设置的温度。即使关机，设置的温度值仍被存储。先按“SET”键不放，再按向上键，然后同时松手，可以显示小数点后一位的数字。

(8)摊片后把载玻片放在烘片机的平盘上编好记号置于上面烘干，一昼夜干燥后即可取出存放于切片盒待染。进行烘片至少要一个小时。

(9)关机：在所有烘片结束后，按面板“RUN/STOP”键，然后按电源开关，最后把烘片机清理干净。

9. 染色

HE染色的原理既有化学反应，又有物理作用。苏木素是一种淡褐色的碱性染料，易溶于乙醇也溶于热水，虽然其本身并没有着色能力，但经过氧化，生成的苏木红分子与硫酸铝钾中的铝离子结合便形成带正电荷的呈碱性的蓝色色淀。由于细胞核的组成成分主要是脱氧核糖核酸，其双螺旋结构中的外侧带负电荷呈酸性，所以很容易与带正电荷呈碱性的苏木红蓝色色淀相结合而被染色。苏木精主要是使细胞核染色。伊红是红色粉末状的酸性染料，易溶于水和酒精，常用伊红Y。伊红Y在水中解离带负电荷的阴离子与蛋白质的氨基正电荷结合而使细胞质染色。其作用主要是使细胞质和细胞外基质中的成分着红色。

将烘好的片子依次放入下列试剂中完成染色。二甲苯1中30min，二甲苯2中30s，100%乙醇1中30s，100%乙醇2中30s，95%乙醇中30s，75%乙醇中30s，苏木精染液10min，之后取出片子用自来水冲洗2遍约30s，要注意流水不能过大，以防切片脱落。1%盐酸酒精(盐酸1份+70%乙醇100份)30s变红后用自来水冲洗1遍，氨水30s，变蓝后用自来水冲洗1遍，伊红3min，自来水冲洗2遍，75%乙醇中30s，95%乙醇中30s，100%乙醇1中30s，100%乙醇2中30s，二甲苯1中30s，二甲苯2中一直放置直到封完为止。封片即用玻璃棒蘸取少量中性树胶滴于组织切片上，再用干净盖玻片进行封盖。目的是永久保存切片，便于镜检。

在桌上放一张洁净的吸水纸，将含材料的载玻片从二甲苯中取出放在纸上（切片的一面向上），迅速地在切片的中央滴一滴树胶，用右手持小镊子轻轻地夹住盖玻片缓慢地将盖玻片放下，封片时注意不要有气泡。所有步骤完成后，清理工作区并保存片子。染色待树胶干燥后进行光学显微镜观察。

(三)实验结果

HE 染色显示的细胞凋亡特征如图 8-1 所示。

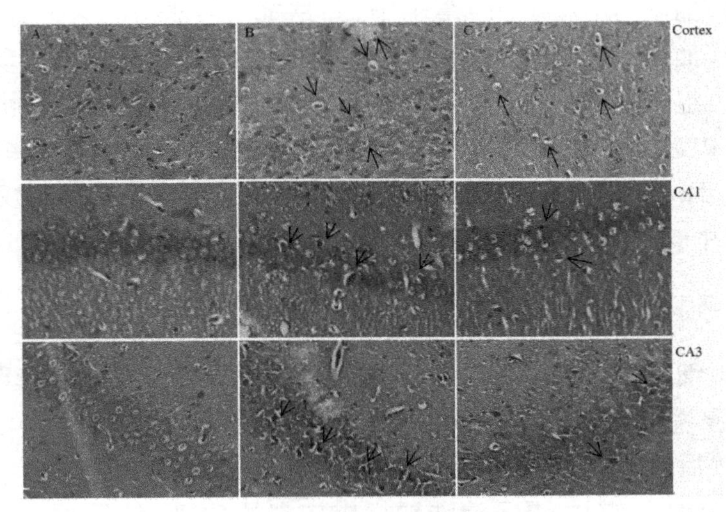

图 8-1　HE 染色显示的细胞凋亡特征

大鼠经一次性海马注射脲链菌佐素和继续连续颈背注射 125mg/kg 体重 d-半乳糖 7 周，以制作阿尔茨海默病动物模型（AD），治疗组造模的同时腹腔注射 10mg/kg 体重姜黄素 7 周。断头取脑组织，经 4%多聚甲醛固定，HE 染色。A：正常对照组；B：AD 模型组；C：姜黄素治疗组

箭头指向凋亡细胞，凋亡细胞显示出 DNA 浓缩成强嗜碱性的物质，有的凋亡细胞与邻近细胞分离。（图片来源于 Huang HC，et. al. J Alzheimers Dis，2016）

实验二、透射电子显微镜观察细胞凋亡

(一)实验材料

透射电子显微镜，组织切片机，离心机。

2.5%戊二醛固定液：取 25%戊二醛原液 10mL，加入 0.2mol/L

PBS液50mL，再加入蒸馏水40mL，混匀，4℃保存。

锇酸固定液：将含有1g锇酸的小瓶浸入清洁液过夜，用双蒸水冲洗数遍后，将小瓶放在盛有50mL双蒸水的100mL棕色磨口瓶内，击破锇酸小瓶使其内锇酸溶于水，1～5mL小瓶分装，避光，4℃保存。用时再稀释1倍成1%的工作液。

(二)实验方法

1. 固定

(1)细胞：用细胞刮收集细胞，与培养液一起100×g离心，弃上清液，加入4℃预冷的2.5%戊二醛，在4℃固定2h或过夜。

(2)组织：在动物体血供未中断时解剖暴露所需组织，快速取一块组织放置在滴有2.5%戊二醛固定液的蜡片上，把组织块切成若干1mm×1mm×3mm的长条小块，放入盛有2.5%戊二醛的小瓶中，4℃固定2h或者过夜。

2. 再固定

(1)细胞：100×g离心，0.1mol/L、pH＝7.2的磷酸缓冲液(PBS)浸洗2次。用4℃预冷的1%锇酸(四氧化锇)再固定1h，离心，然后用PBS洗涤2次。

(2)组织：继用PBS清洗置换戊二醛固定液，然后用1%的锇酸后固定2h，PBS清洗2次。

3. 预染

2%醋酸铀预染1h，丢弃染液，用PBS洗涤2次。

4. 脱水

系列梯度酒精(30%、50%、70%、80%、90%、95%、100%)脱水，每种浓度酒精洗涤2次，每次15min，丙酮脱水。

5. 包埋

618树脂包埋。丙酮与环氧树脂1∶1包埋2h，再放入纯包埋剂(环氧树脂包埋全浸透)数小时或过夜。

6. 超薄切片

62℃烤箱 2d,进行超薄切片。

7. 电子染色

3%醋酸铀、枸橼酸铅染色。

8. 成像

透射电子显微镜观察、拍片。

(三)实验结果

人膀胱癌 T24 细胞株中的凋亡细胞如图 8-2 所示。

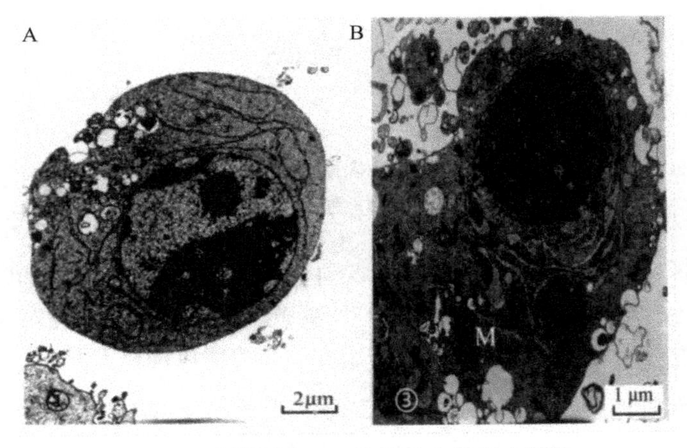

图 8-2　人膀胱癌 T24 细胞株中的凋亡细胞

核染色质凝聚,双层核膜和胞质膜完整,线粒体等细胞器结构完好,胞质内偶见空泡形成和凋亡小体。A:细胞核固缩凝集于核膜周围,细胞核中异染色质明显边移,凝聚于核膜下,有时见凝聚于核周边呈新月形;B:大部分核染色质凝聚呈数个块状,占据于核中部,而剩余的染色质仍均匀分布。(图片来源于沈强,等.复旦学报(医学版),2010)

第九章　胞内活性氧检测方法和技术

活性氧(Reactive Oxygen Species,ROS),是生物有氧代谢过程中的一种中间产物,包括氧离子、过氧化物和含氧自由基等。正常的生理活动需要适度的ROS,但是过量生成或者过量积累的ROS则可能造成细胞的凋亡和机体的氧化损伤。本章主要介绍了荧光探针法检测细胞内活性氧的原理、检测方法和技术。

第一节　检测原理

细胞内活性氧是细胞生化反应产生的中间产物,活性氧非常活泼,很难通过提取细胞内容物在溶液体系下测定活性氧的含量。一般比较便利的方法是在活细胞状态下,利用荧光前体分子底物与活性氧反应,产物能够产生荧光,通过荧光的相对强度,比较活性氧的相对含量。

荧光前体分子2′,7′-二氯二氢荧光素二乙酸酯(2′,7′-Dichlorodihydrofluorescein Diacetate,DCFH-DA,CAS: 4091-99-0)(如图9-1所示)本身没有荧光,可以自由穿过细胞膜,进入细胞内后,可以被细胞内的酯酶水解生成2′,7′-二氯二氢荧光素(2′,7′-Dichlorodihydrofluorescein,DCFH)(如图9-2所示)。而DCFH不能通透细胞膜,从而很容易使探针被装载到细胞内。细胞内的活性氧可以氧化无荧光性的DCFH生成有荧光性的2′,7′-二氯荧光素(2′,7′-Dichlorofluorescein,DCF)(如图9-3所示),从而通过检测DCF的荧光密度测定细胞内活性氧的含量。

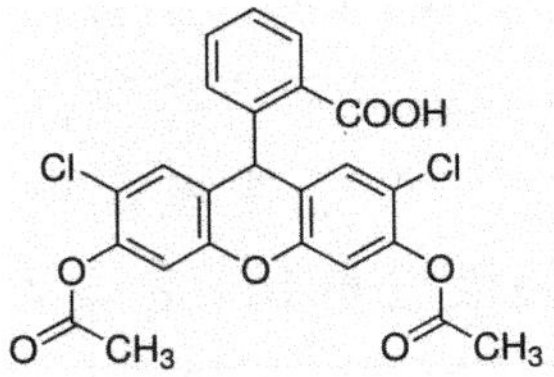

图 9-1　DCFH-DA 分子结构式

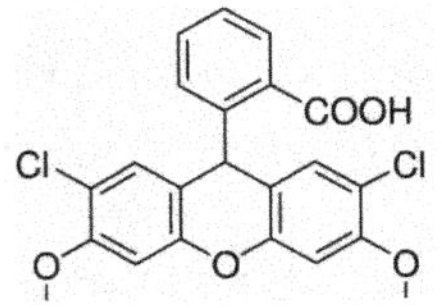

图 9-2　DCFH 分子结构式

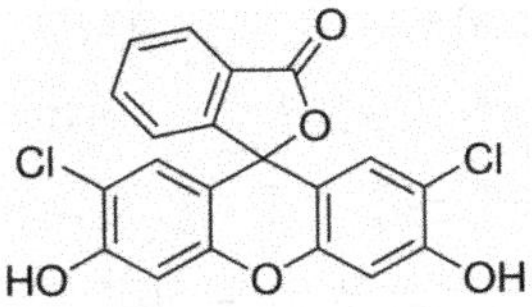

图 9-3　DCF 分子结构式

第二节　实验方案

一、实验材料

SH-SY5Y 细胞，RPMI 1640 培养基，胎牛血清，青链霉素，DMSO，PBS 缓冲液，DCFH-DA。

二、实验方法

(1)将细胞按 3×10^5/孔接种于六孔板中，5% CO_2 培养箱中 37℃培养 24～48h。达到预定时间后进行胞内活性氧检测。

(2)装载探针。

a. 10mmol/L DCFH-DA 储备液的配制：称取 4.9mg 的

DCFH-DA 粉末，溶解于 1.0mL 的 DMSO 中并充分溶解，按 100μL 的体积分装后于－20℃下冷冻保存。

b. 10μmol/L DCFH-DA 工作液配制：使用前将 10mmol/L 浓度的 DCFH-DA 储备液管取出，室温放置、充分解冻后，按照 1：1000用无血清培养基稀释 DCFH-DA，最终浓度为 10μmol/L。

c. 原位装载探针：适用于贴壁培养细胞。吸除细胞培养液，加入 1mL 10μmol/L 的 DCFH-DA 工作液。放入细胞培养箱孵育 20min，而后用无血清 RPMI 1640 培养基洗涤细胞 3 次，充分清洗掉未进入细胞内的 DCFH-DA。通常活性氧阳性对照 Rosup 试剂在刺激细胞 20～30min 后可显著提高胞内活性氧水平。

d. 收集细胞后装载探针：适用于悬浮培养细胞或者胰酶消化后悬浮的细胞。细胞收集后悬浮于 10μmol/L 的 DCFH-DA 工作液中，细胞浓度为 $1\times10^6\sim1\times10^7$/mL，37℃细胞培养箱内孵育 20min。每隔 3～5min 颠倒混匀一下，使探针和细胞充分接触。用无血清培养液洗涤 3 次，以去除未进入细胞内的 DCFH-DA。直接用活性氧阳性对照或自己感兴趣的药物刺激细胞等分成若干份后刺激细胞。

说明：

①对于刺激时间较短（通常为 2h 以内）的细胞，先装载探针后用活性氧阳性对照或自己感兴趣的药物刺激细胞。对于刺激时间较长（通常为 6h 以上）的细胞，先用活性氧阳性对照或自己感兴趣的药物刺激细胞，后装载探针。

②仅在阳性对照孔中加入 Rosup 作为阳性对照剂，其余孔不必加入。

(3)荧光检测：使用 488nm 波长激发，525nm 发射波长进行检测（如图 9-4 所示）。

对于原位装载探针的样品可以用荧光显微镜直接在活细胞下观察，或收集细胞后用荧光分度计、酶标仪或流式细胞检测荧光密度。

对于收集细胞后装载探针的样品可以用荧光分度计、酶标仪或流式细胞检测荧光密度，也可用荧光显微镜直接观察。

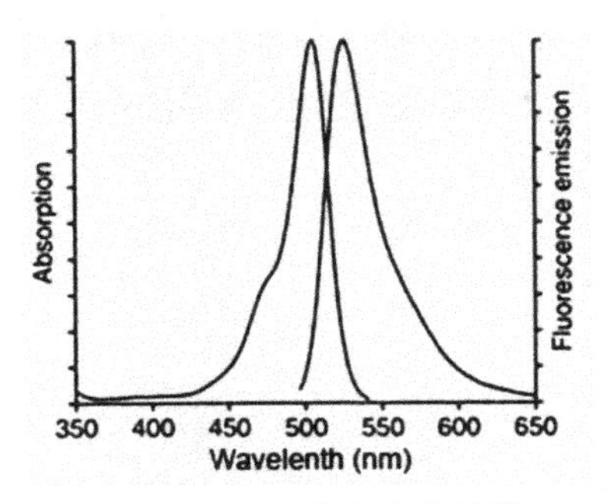

图 9-4　DCF 荧光光谱特性

三、实验案例

100μmol/L H_2O_2 处理 SH-SY5Y 细胞 24h 后，10μmol/L DCFH-DA染色，488nm 波长激发、525nm 发射波长下拍照，与对照组相比，可见 100μmol/L H_2O_2 组荧光强度明显增强，另外细胞体积也比较小（如图 9-5 所示）。

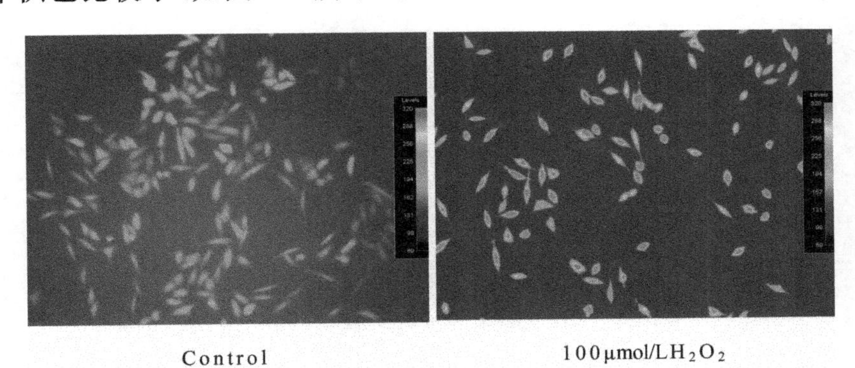

图 9-5　活细胞成像显示胞内活性氧水平

（图片来源于 Huang HC，et. al. J Alzheimers Dis，2012）

四、实验注意事项

（1）探针装载后，一定要洗净残余的未进入细胞内的探针，否则会导致背景较高。

(2)探针装载完毕并洗净残余探针后，可以进行激发波长的扫描和发射波长的扫描，以确认探针的装载情况是否良好。

(3)尽量缩短探针装载到测定所用的时间(刺激时间除外)，以减少各种可能的误差。

第十章　线粒体膜电位检测方法和技术

线粒体在细胞凋亡内源性线粒体途径中起着重要的介导作用，尽管在细胞凋亡早期线粒体在形态上并没有发生明显的变化，但是在分子水平上已经悄然地发生改变。在凋亡早期，线粒体膜通透性转换孔的形成改变了线粒体对物质的选择通透性，线粒体外膜通透性的增加导致一些可溶性蛋白从膜间隙释放到胞浆。同时，由于膜通透性的改变，线粒体维持 H^+ 跨膜浓度梯度的能力也下降，导致了线粒体膜电位（Mitochondrial Membrane Potential，MMP）的改变，MMP 的高低可与细胞活性状态有关，线粒体途径相关的细胞凋亡早期，MMP 发生去极化。本章介绍了荧光探针法检测线粒体膜电位的原理、检测方法和技术。

第一节　检测原理

线粒体对维持细胞功能有着重要的作用，是细胞内主要的能量供应中心，人体的 ATP 有 95%为线粒体所提供。线粒体在呼吸氧化过程中，将所产生的能量 ATP 以电化学势能储存于线粒体内膜，同时在内膜两侧造成质子浓度的不对称分布而形成线粒体膜电位（MMP）。线粒体所合成的 ATP 通过线粒体内膜 ADP/ATP 载体与细胞质中的 ADP 进行交换后进入细胞质，参与细胞的需能生化反应过程，因此线粒体与细胞维持正常生理功能密切相关。

正常的 MMP 是维持线粒体进行氧化磷酸化、产生 ATP 的先决条件，MMP 的稳定有利于维持细胞的正常生理功能。在细胞发生凋亡时均伴有 MMP 的下降，线粒体氧化磷酸化过程中起偶联作用的MMP在细胞凋亡早期病理变化以前就开始下降，该过程早于DNA片段化。因此，线粒体电子呼吸链损伤导致线粒体的膜电位发生去极化是细胞发生早期凋亡的重要信号。线粒体膜电位会发生下降，通常还伴随着线粒体ATP产生的下降。

JC-1（如图10-1所示）：5,5′,6,6′-四氯-1,1′,3,3′-四乙基苯并咪唑羰花菁碘化物（5,5′,6,6′-Tetrachloro-1,1′,3,3′-Tetraethyl-Imid Acarbocyanine Iodide），CAS号3520-43-2，是一种阳离子亲脂性染料，常用于检测线粒体膜电位的荧光探针。JC-1染料表现出电势依赖性的积聚在线粒体内。当线粒体膜电位较高的时候，JC-1聚集在线粒体基质中从而形成聚合物（J-aggregates），在激发光下能产生红色荧光（$\lambda_{ex}=585nm$，$\lambda_{em}=590nm$），而当线粒体膜电位较低的时候，JC-1不能聚集而成为单体，只能以单体的形式存在于胞浆中，此时激光激发下为绿色荧光（$\lambda_{ex}=514nm$，$\lambda_{em}=529nm$）（如图10-2所示）。通常可利用红绿荧光变化非常直接地反映出线粒体膜电位的变化，线粒体的去极化程度也可以通过红/绿荧光强度的比例来衡量。

JC-1染料的特点：

（1）JC-1染料用途广：可用来检测众多细胞类型包括单核细胞和神经细胞，以及完整组织和纯化的线粒体。

（2）JC-1染料特异性更高：与其他的阳离子染料如DiOC6(3)和罗丹明123相比，对线粒体膜电位变化的特异性高于质膜电位变化，对线粒体去极化检测的检测一致性更好。

（3）红绿色荧光强度比率只受线粒体膜电位的变化，不受线粒体大小、形状、密度的差异干扰。

（4）检测灵敏度强，对细胞应激反应的微小异质性都能辨别。

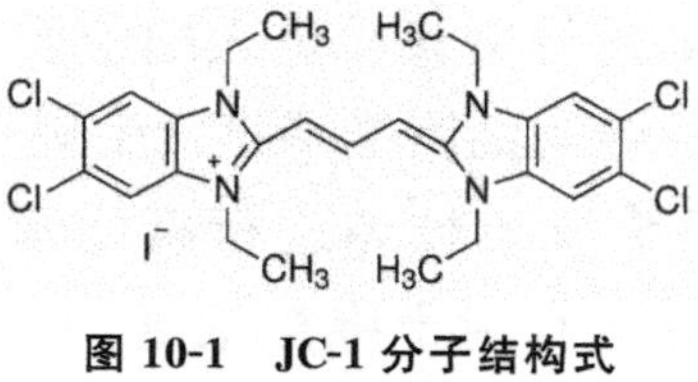

图10-1　JC-1分子结构式

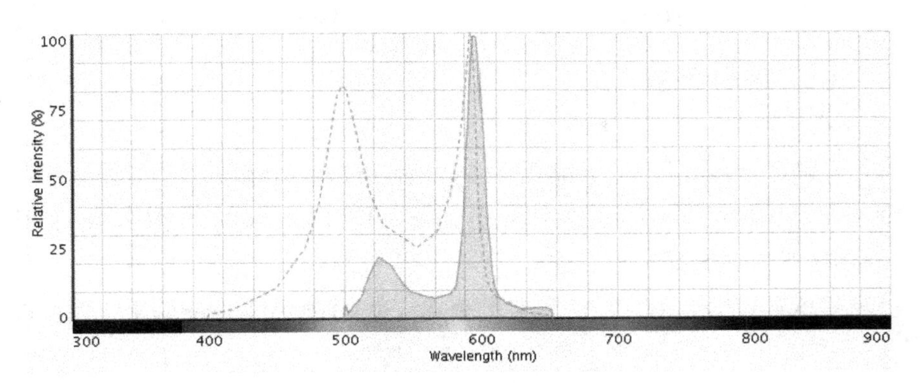

图 10-2　JC-1 荧光光谱特性

第二节　实验方案

一、实验材料

SH-SY5Y 细胞，RPMI 1640 培养基，胎牛血清，青链霉素，DMSO，PBS 缓冲液，JC-1，羰基氰化物间氯苯腙。

二、实验方法

（一）细胞培养

将细胞按 3×10^5/孔接种于六孔板中，5％CO_2 培养箱中 37℃培养 24～48h。直接用氧化磷酸化抑制剂羰基氰化物间氯苯腙（CCCP）对照或自己感兴趣的药物刺激细胞。

(二)探针装载

(1)10mg/mL JC-1 储备液的配制：称取 5mg 的 JC-1 粉末，溶解于 0.5mL 的 DMSO 中并充分溶解，按 100μL 的体积分装后于 -20℃下冷冻保存。

(2)5μg/mL JC-1 工作液的配制：使用前将 10mg/mL JC-1 储备液管取出，室温放置、充分解冻后，按照 1∶2000 用 RPMI 1640 无血清培养基充分旋涡溶解，最终 JC-1 工作液的浓度为 5μg/mL。

(3)原位装载探针：适用于贴壁培养细胞。吸除细胞培养液，加入 1mL 5μg/mL JC-1 工作液。放入细胞培养箱孵育 20min，然后用无血清 RPMI 1640 培养基洗涤细胞 3 次。

(4)收集细胞后装载探针：适用于悬浮培养细胞或者胰酶消化后悬浮的细胞。细胞收集后悬浮于 5μg/mL JC-1 工作液中，细胞浓度为 $1\times10^{6}\sim1\times10^{7}$/mL，37℃细胞培养箱内孵育 20min。每隔 3～5min 颠倒混匀一下，使探针和细胞充分接触。用无血清培养液洗涤 3 次。

(三)荧光检测

使用 488nm 波长激发、525nm 发射波长进行检测 JC-1 单体荧光信号，525～565nm 激发光下的 590nm 发射波长检测 JC-1 聚集体荧光信号。

对于原位装载探针的样品可以用荧光显微镜直接活细胞观察，或收集细胞后用荧光分度计、酶标仪或流式细胞检测荧光密度。

对于收集细胞后装载探针的样品可以用荧光分度计、酶标仪或流式细胞检测荧光密度，也可用荧光显微镜直接观察。

三、结果案例

(一)荧光成像

线粒体膜电位荧光成像如图 10-3 所示。

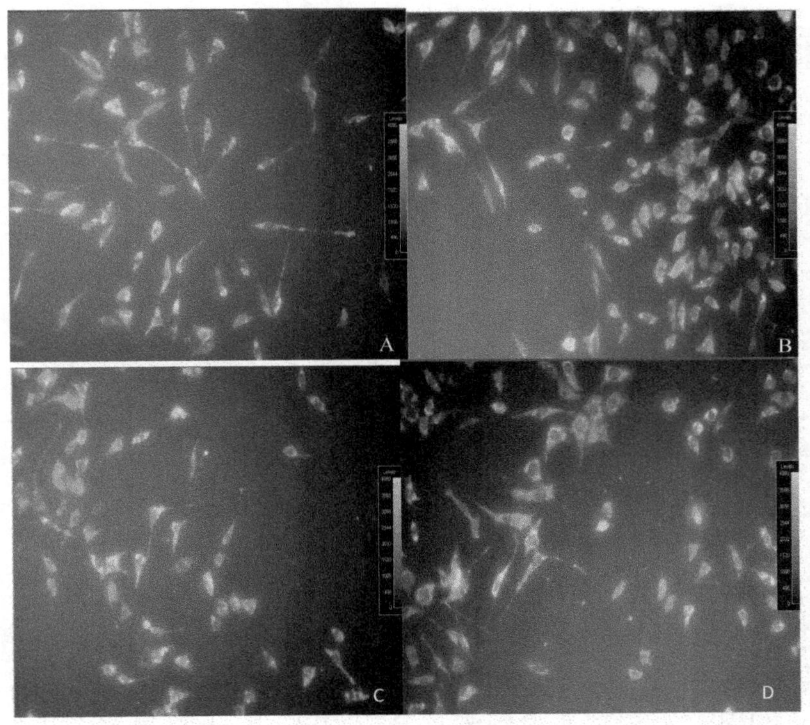

图 10-3　线粒体膜电位荧光成像

A:空白对照组;B:Aβ 处理组;C:5μmol/L 姜黄素保护组

(姜黄素预先处理后再加入 10μmol/L $A\beta_{1-40}$)

D:10μmol/L 姜黄素保护组(姜黄素预先处理后再加入 10μmol/L $A\beta_{1-40}$)

(图片来源 Huang HC,et. al. J Alzheimers Dis,2012)

姜黄素预先保护 SH-SY5Y 细胞 4h 后,Aβ 处理 6h,加入 JC-1 染料染色 30min,无血清 RPMI 1640 培养基洗涤 3 遍后荧光成像,将 JC-1 绿色、红色荧光成像叠成图。

Aβ 处理的细胞中，JC-1 主要发射绿色荧光，而姜黄素保护组中，JC-1 红色荧光强度上升。

（二）流式细胞检测

JC-1 染色流式细胞术检测线粒体膜电位如图 10-4 所示。

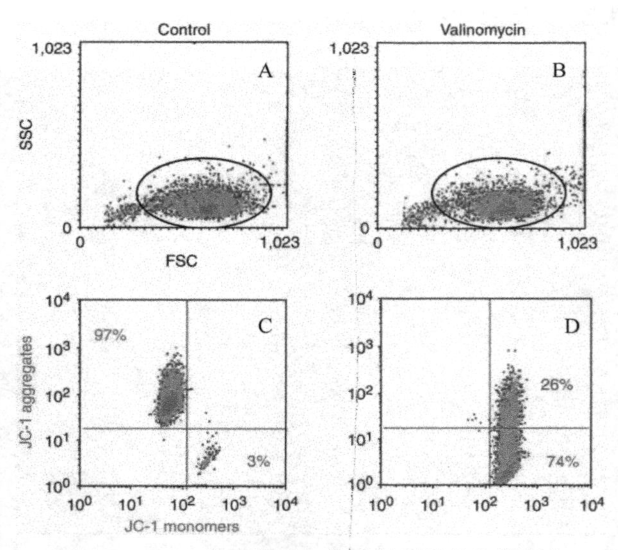

图 10-4　JC-1 染色流式细胞术检测线粒体膜电位

（图片来源于 Troiano L，et. al. Nat Protoc，2007）

人组织细胞淋巴瘤细胞 U937 细胞在 37℃下经 50nmol/LK$^+$ 载体缬氨霉素（Valinomycin）处理 15min（空白样品不处理），离心收集细胞，重悬于含血清的 RPIM 1640 培养液中，JC-1 染色 10min，PBS 洗涤、离心后细胞重悬于 PBS 中，上机检测。与空白对照组相比较，从散点图 10-4（A、B）可见 K$^+$ 载体缬氨霉素不影响细胞形态，但由 JC-1 的聚集形式变化可见，导致细胞线粒体膜电位去极化[如图 10-4（C、D）所示]（缬氨霉素处理后，绿色荧光强度增加、红色荧光强度减弱）。

四、实验注意事项

（1）JC-1 容易形成聚集体，在制备工作液时要充分溶解，加入牛血清可以防止 JC-1 的聚集。

(2)细胞离心速度过大会造成细胞碎片产生,甚至增加细胞死亡,造成线粒体膜电位的假阳性。

第十一章　细胞色素 C 释放检测方法和技术

线粒体外膜通透性的增加导致一些可溶性蛋白从膜间隙释放到细胞浆，其中细胞色素 C 对细胞凋亡的启动起到了重要的介导作用，通过与凋亡酶激活因子（Apoptotic Protease Activating Facter-1，Apaf-1）形成凋亡体（apoptosome），从而激活 Caspase-9。由于线粒体分布在细胞质中，因而荧光标记观察的方法难于将线粒体细胞色素 C 与释放至细胞浆中的线粒体区分开来。本章介绍了 Western Blot 蛋白免疫分析方法测定细胞浆中的细胞色素 C 的原理、检测方法和技术。

第一节　检测原理

细胞色素 C（Cytochrome C）是电子传递链的组成分子之一，其附着于线粒体外膜或存在于线粒体外模与内膜间的空隙中。细胞色素 C 在凋亡中起着非常重要的作用，当凋亡诱导物引发细胞色素 C 从线粒体释放到细胞质后，与 Apaf-1 结合；细胞色素 C/Apaf-1 复合物能够激活半胱氨酸天冬氨酸蛋白酶-9（Caspase-9），进而激活 Caspase-3 和下游其他的 Caspases。细胞色素 C 的释放发生在 Caspases 的激活和 DNA 断裂之前，可以看作是凋亡的起始标志。

细胞色素 C 从线粒体的释放涉及到细胞色素 C 的细胞亚定位的转移，检测的难点在于如何区分是线粒体贮存细胞色素 C 还是释放到细胞浆中的细胞色素C。由于线粒体是分散在细胞浆中，采用免疫细胞荧光化学的方法很难将两者区分开来。我们可以将线粒体从细胞中分离出去，再提取剩余细胞裂解物中的总蛋白并通过 Western Blotting 分析其中细胞色素C含量，从而实现细胞色素C释放水平的检测。

第二节　实验方案

一、实验材料

SH-SY5Y 细胞，RPMI 1640 培养基，胎牛血清，青链霉素，DMSO，PBS 缓冲液，β-淀粉样蛋白，$A\beta_{1-40}$，姜黄素。

二、实验方法

（一）细胞培养

将细胞按 5×10^6/孔接种于 $25cm^2$ 的培养皿中，5%CO_2 培养箱中 37℃培养 24～48h。在保护药物作用下用 $A\beta_{1-40}$ 或自己感兴趣的药物刺激细胞。

（二）细胞浆成分分离

用 PBS 冲洗培养皿 2 次，将细胞从皿中刮出置于 1.5mL 离心管中，4℃ 100×g 离心 10min，小心移去上清液，收集细胞。加入 0.5mL 细胞裂解液[20mmol/L HEPES，pH＝7.5；10mol/L KCl；1.5mmol/L $MgCl_2$；1mmol/L EDTA；1mmol/L 二硫苏糖醇（DTT）；1mmol/L 苯甲基磺酰氟（PMSF）]，冰浴 3min，转移至 Dounce 匀浆器中，冰上匀浆 30～50 次；转移至 1.5mL 离心管中，4℃10000×g 离心 20min，上清液为细胞浆成分，沉积物为线粒体

成分。

小心移取上清液至 1.5mL 离心管中。沉淀物加入上述裂解液重新悬浮，4℃10000×g 离心沉淀后，加入强裂解液[如 RIPA 裂解液：50mmol/L Tris（pH = 7.4），150mmol/L NaCl，1% Triton X-100，1% Sodium Deoxycholate，0.1% SDS 以及蛋白酶抑制剂]，得到的成分为线粒体裂解成分。

(三)总蛋白含量测定

采用 BCA 法测定提取的总蛋白含量，计算 SDS-PAGE 的上样体积。按 1∶4 的体积比加入 5×SDS-PAGE 上样变性缓冲液（含有 SDS、DTT、甘油、溴酚蓝、Tris-HCl 缓冲液等）。

(四)SDS-PAGE 免疫印迹分析细胞色素 C

1. 制胶与灌胶

(1)准备工作：将薄厚玻璃板、配制分离胶、浓缩胶所用试管，用洗涤液以及去离子水洗净，放入烘箱内烘干。

(2)将配套玻璃板对齐，制胶架和胶条安装稳定后，将玻璃板置于制胶条上，垂直安置后，可将枪头置入制胶夹中，起到稳定作用。

(3)制胶配方见表 11-1 和表 11-2。

表 11-1　5%浓缩胶配制方法(5mL)

去离子水	30%丙烯酰胺	1.5mol/LTris-HCl (pH=6.8)	10%SDS	10%APS	TEMED
3.4mL	830μL	630μL	50μL	50μL	5μL

表 11-2　12%分离胶配制方法(10mL)

去离子水	30%丙烯酰胺	1.5mol/LTris-HCl (pH=8.8)	10%SDS	10%APS	TEMED
3.3mL	4.0mL	2.5mL	100μL	100μL	4μL

注意：10% APS 现用现配制，TEMED 灌胶前加入。

(4)先行配制分离胶，分离胶混合好后，加入 TEMED 后即可灌胶。向玻璃板间隙用 1mL 移液枪进行灌胶操作，分别从两侧灌入，防止分离胶向一侧倾斜。灌入至适当位置后停止灌胶，此时向其中缓慢灌入去离子水以驱赶气泡和压平分离胶，去离子水将间隙灌满后即可停止，室温放置 30min。

(5)按照配方配制浓缩胶，可先不加入 10%APS 和 TEMED。此时须将插入浓缩胶的梳子吸净，晾干备用。

(6)待分离胶与去离子水层有明显界限时，可将上层去离子水倒掉，用滤纸吸净玻璃板间隙中残留的去离子水。

(7)向浓缩胶中迅速加入 10%APS 和 TEMED，立刻混匀。用 1mL 移液枪向含有分离胶的间隙中灌入浓缩胶，灌胶的过程要迅速并尽量不产生气泡。灌满后，立刻缓慢插入洗净并晾干的梳子，匀速插入以避免产生气泡。完毕后，放置室温 30min 后即可拔掉梳子上样；或者 30min 后可置于去离子水中浸泡过夜，明日即可使用。

2. 加样与电泳

(1)此时可将蛋白样品从－80℃冰箱中取出于冰上融化，融化后简易振荡并简易离心后置于冰盒中。

(2)浓缩胶凝固后可将其置于电泳槽中，凝胶板的放置方式为短板向里，长板向外。若为单数凝胶板，则另需要一块模板按同样方式放置。若凝胶板(包括模板)的数量小于等于 2，则向电泳槽中加入 700mL 1×电泳缓冲液；若凝胶板(包括模板)的数量大于 2，则向电泳槽中加入 1000mL 电泳缓冲液。每两块凝胶板中间的电泳缓冲液高度一定要高于短板。此时可以缓慢小心拔取梳子，以确保上样孔完整无缺。

(3)用微量移液枪吸取蛋白样品，看好加样孔的位置，紧贴玻璃板内壁向下移动至无法继续向下，此时便可将样品缓慢打入加样孔中，以防蛋白样品溢出加样孔。

(4)按照正确的方式安装电泳仪，红黑线头要相对应，不可插反。打开电泳仪电源，首先控制电压 80V，带溴酚蓝指示剂移动到浓缩胶下 1cm 左右时，可将电压调整至 120V，直至溴酚蓝指示剂跑到玻璃板底部边缘即可停止电泳。

3. 转膜

(1)将 10×转膜缓冲液，稀释 10 倍配制为 1×转膜缓冲液。

(2)根据胶块大小将 0.22μm 孔径的 PVDF 膜剪裁成合适大小，转膜专用滤纸也同样裁剪成与转膜器相当大小。将裁剪好的 PVDF 膜浸泡于甲醇中活化 1～2min。此时将部分 1×转膜缓冲液倒入转膜夹中，一般黑夹在下，红夹在上，由外到里依次为转膜夹、黑色棉、转膜滤纸、胶块、PVDF 膜。

(3)将凝胶板拆开，先将浓缩胶切除，进而切除溴酚蓝指示剂以下部分。切胶的全过程要保证胶的湿润。将胶块放置在转膜滤纸之上，胶块上放置 PVDF 膜，务必保证 PVDF 膜全程湿润。

(4)用滚轴将 PVDF 膜和胶体之间，以及胶体与转膜滤纸之间的气泡全部赶出。夹紧转膜夹，放入转膜器中，并在侧面放入冰盒，加满 1×转膜缓冲液。

(5)按照正确方式插入电源，红黑线相对应切勿插反。插好电源后将转膜器置于冰浴中，调整电压 100V，湿转 30min。

4. 封闭

(1)转膜即将结束时配制封闭液：5%脱脂奶粉，一般可称取 5g 脱脂奶粉，溶于 TBST 中。配制好后放置 4℃冰箱备用。

(2)转膜完毕后将 PVDF 膜取出，用 TBST 清洗转膜液。根据 Maker 以及目标蛋白所需相对分子质量进行切膜，完毕后放入封闭液中封闭 60min。

5. 免疫反应

(1)封闭结束前 30min 可将一抗从－20℃取出融化或从 4℃直接取出，根据不同抗体的稀释比例，对抗体用封闭液进行稀释。

完成后可先行放入4℃冰箱。

(2)封闭完成后,将不同目标蛋白的条带放入不同孵育盒中,从而孵育不同的抗体,4℃摇床过夜。

(3)回收用过的一抗(一般情况下,回收3次后即可配制新的抗体)。浸泡于TBST中清洗3次,分别为10min、10min、5min、洗去残留的游离一抗。

(4)配制二抗工作液,根据一抗的属性配制相应的二抗工作液。清洗完毕后,可将TBST换成二抗工作液,孵育1.5h。

(5)二抗孵育完成后,将条带放入TBST中清洗游离二抗,清洗流程如上。

6.显影与光密度分析

(1)采用化学发光显影法。裁剪一定量PE手套,并准备些许2mLEP管。将仪器打开,条带放入PE手套上,并盖上。此时按照1∶1的比例配置发光液AB液。将含有条带的手套放入显影仪器中,将发光混合液均匀滴加至条带上,并盖上手套。根据不同的一抗,调整信号采集时间,进行拍照。拍照成功后仍需将模式调整到白光模式,拍照白光图像,以便比较相对分子质量。

(2)可用Quantity One分析软件分析电泳生成图像,计算灰度值,进而反映蛋白亚基表达量。

三、实验案例

Western Blot检测细胞色素C释放水平如图11-1所示。

与空白组细胞相比,$A\beta_{1-40}$处理细胞后导致从线粒体释放到细胞浆中的细胞色素C含量升高;而与$A\beta_{1-40}$处理细胞相比较,姜黄素预先保护的细胞浆中细胞色素C的含量则明显降低,这表明,姜黄素减轻了$A\beta_{1-40}$诱导细胞的凋亡作用。

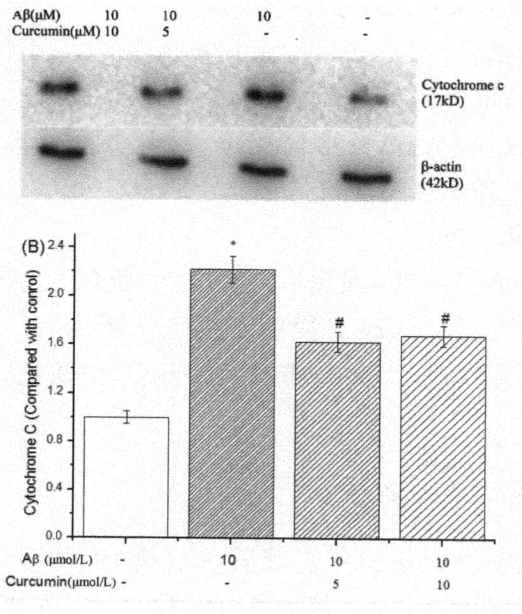

图 11-1 Western Blot 检测细胞色素 C 释放水平

（图片来源于 Huang HC，et. al. J Alzheimers Dis，2012）

四、实验注意事项

（1）细胞破碎程度的判断：匀浆过程中可以取 2μL 经台盼蓝染色液，显微镜下观察阳性（蓝色）细胞的比例。如果阳性细胞不足 50%，增加 5 次匀浆。随后再用台盼蓝染色鉴定。当阳性细胞比例超过 50%时，即可停止匀浆。请勿使用过度匀浆，过度匀浆会导致线粒体的机械损伤，导致线粒体蛋白的释放。

（2）Apoptosis 情况下，释放到细胞浆中的细胞色素 C 的量是比较少的，SDS-PAGE 时建议加大蛋白质上样量（50～100μg 总蛋白）。

（3）细胞色素 C 相对分子质量比较小（17kD），采用 0.22μm 孔径的 PVDF 膜，并注意转膜时间，以免转膜过度，导致目标分子转移到正极方向的滤纸上。

第十二章　Caspases 酶活性检测方法和技术

天冬氨酸特异性半胱氨酸蛋白酶(Caspases)是细胞凋亡的启动者和执行者,通过级联反应,介导细胞产生凋亡反应。在正常细胞中,Caspases 以无活性的酶原形式存在,当细胞发生凋亡时 Caspase 被蛋白酶裂解,形成活化的 Caspase。本章介绍了检测 Caspases 的酶活性的原理、检测方法和技术。

第一节　检测原理

天冬氨酸特异性半胱氨酸蛋白酶(Caspases)是一类蛋白酶家族,属于天冬氨酸蛋白酶。在人类中已经鉴定了 14 种不同的 Caspases。Caspases 酶活性中心含一个半胱氨酸,当它们被激活后,能够在靶蛋白的特异天冬氨酸残基 C-端部位进行切割。Caspase 家族在介导细胞凋亡(Apoptosis)的过程中起着非常重要的作用,按启动凋亡信号的先后顺序分,Caspases 有两类:一类是起始者(Initiators),另一类是执行者(Executioners)。起始 Caspase 在外来蛋白信号的作用下被切割激活,激活的起始 Caspase 对执行者 Caspase 进行切割并使之激活,被激活的执行者 Caspase 通过对 Caspase 靶蛋白的水解(这一过程我们也称之为 Caspases 级联反应),导致程序性细胞死亡。

在正常状态下,Caspase 家族都以无活性的酶原(Procaspases)(30～50kD)形式存在,Caspase 酶原由原结构域、大亚基(～

20kD)和小亚基(～10kD)构成。当细胞发生凋亡时 Caspase 可以被蛋白酶裂解，形成活化的 Caspase。其中 Caspase-3，-8，-9 为关键的执行分子，在凋亡信号转导的许多途径中发挥作用。

聚 ADP 核糖聚合酶(Poly ADP-ribose Polymerase，PARP)是细胞凋亡核心成员 Caspases 的底物。PARP 定位在细胞核内，是应激条件下与 DNA 修复密切相关的一种酶。PARP 在体外可以被多种 Caspase 剪切，在体内是 Caspase-3 的主要剪切对象。对于人 PARP，在 Asp124 和 Gly215 之间被 Caspase-3 剪切后，使 PARP 羧基端的催化结构域(89kD)和氨基端的 DNA 结合结构域(24kD)相分离，从而使 PARP 失去其酶活力。PARP 对于细胞的稳定和存活非常重要，PARP 失去酶活力会加速细胞的不稳定。因此 PARP 被剪切是细胞凋亡的一个重要指标，也通常被认为是 Caspase-3 激活的生理指标之一。

Caspases 原酶、活化的 Caspases 及下游的被激活的作用分子含量可以通过 SDS-PAGE 免疫印迹法来检测。一般而言，活化的 Caspases 的蛋白含量与 Caspases 的总酶活性呈正相关，也就是说，样本中活化的 Caspases 含量越大，我们可以推断 Caspases 的总酶活性越高。对底物的酶切活性也可以通过 Caspases 水解相应底物的能力来直接检测。

目前含化学生色(Chromophore)、发光(Luminophore)或荧光基团(Fluorophore)的化学合成的 Caspases 底物分子普遍应用于 Caspases 酶活力检测。底物分子在 Caspases 作用下，特异性地裂解含可检测基团的四肽底物，释放出化学生色或荧光报告分子(Reporter)，通过报告分子的光信号强弱来表征 Caspases 酶活性，如图 12-1 所示。

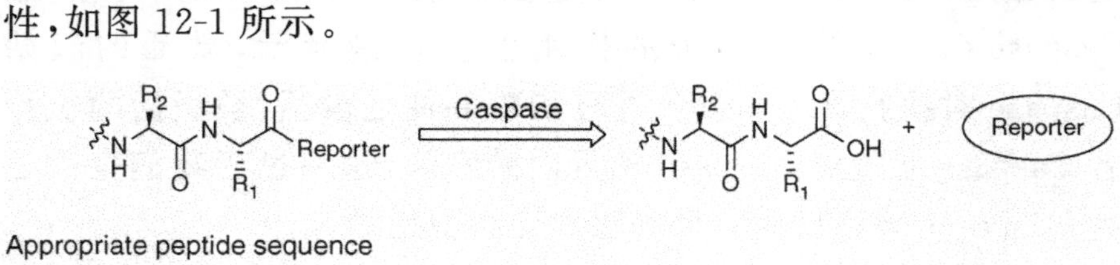

图 12-1　特异性底物检测 Caspase 酶活性原理

常用的化学合成 Caspases 底物见表 12-1。

表 12-1　常用的化学合成 Caspases 底物

Caspases	底物	Caspases	底物
Caspase-1	Acetyl-Tyr-Val-Ala-Asp-X (Ac-YVAD-X)	Caspase-7	Acetyl-Asp-Glu-Val-Asp-X(Ac-DEVD-X)
Caspase-2	Acetyl-Val-Asp-Gln-Gln-Asp-X(Ac-VDQQD-X)	Caspase-8	Acetyl-Ile-Glu-Thr-Asp-X(Ac-IETD-X)
Caspase-3	Acetyl-Asp-Glu-Val-Asp-X (Ac-DEVD-X)	Caspase-9	Acetyl-Leu-Glu-His-Asp-X(Ac-LEHD-X)
Caspase-4	Acetyl-Leu-Glu-Val-Asp-X (Ac-LEVD-X)	Caspase-10	Acetyl-Ala-Glu-Val-Asp-X(Ac-AEVD-X)
Caspase-5	Acetyl-Trp-Glu-His-Asp-XAc-WEHD-X	Caspase-12	Acetyl-Ala-Thr-Ala-Asp-X(Ac-ATAD-X)
Caspase-6	Acetyl-Val-Glu-Ilel-Asp-X (Ac-VEID-X)	Caspase-13	Ac-Leu-Glu-Glu-Asp-X (Ac-LEED-X)

注：X-为化学生色基团或荧光基团（分子），底物多肽的 Asp 羧基与生色或荧光分子的氨基脱水成键结合。

一、发色基团

四硝基苯胺 1-amino-4-nitrobenzene 或 p-nitroanilide(pNA)，UV 吸收波长为 405nm，其结构式如图 12-2 所示。

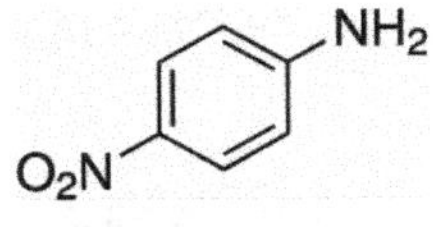

NH_2 ... O_2N

图 12-2　四硝基苯胺分子结构式

二、发光基团

D-氨基虫荧光素（*D*-Aminoluciferin），发光波谱为 560nm，其

分子结构式如图 12-3 所示。

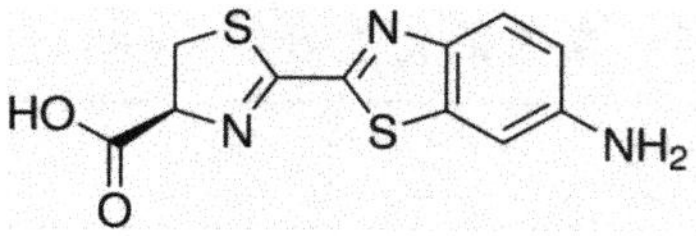

图 12-3 *D*-氨基虫荧光素分子结构式

三、荧光基团

(1)7-乙基 S 氨基-4-三氟甲基香豆素：7-Amino-4-(trifluoromethyl)coumarin(AFC)，荧光波谱 $\lambda_{ex}/\lambda_{em}=400nm/505nm$，其分子结构式如图 12-4 所示。

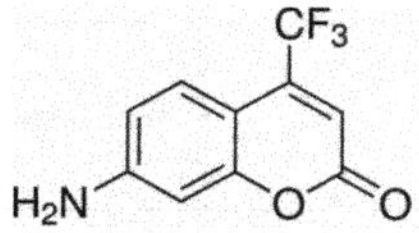

图 12-4 AFC 分子结构式

(2) 7-氨基-4-甲基香豆素：7-amido-4-methylcoumarin (AMC)，$\lambda_{ex}/\lambda_{em}=365nm/440nm$，其分子结构式如图 12-5 所示。

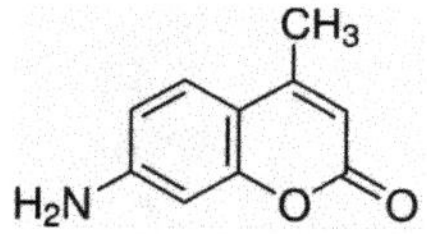

图 12-5 AMC 分子结构式

(3)7-氨基-4-甲基香豆素-3 乙酸：7-amino-4-methylcoumarin-3-acetic acid(AMCA)，$\lambda_{ex}/\lambda_{em}=345nm/450nm$，其分子结构式如图 12-6 所示。

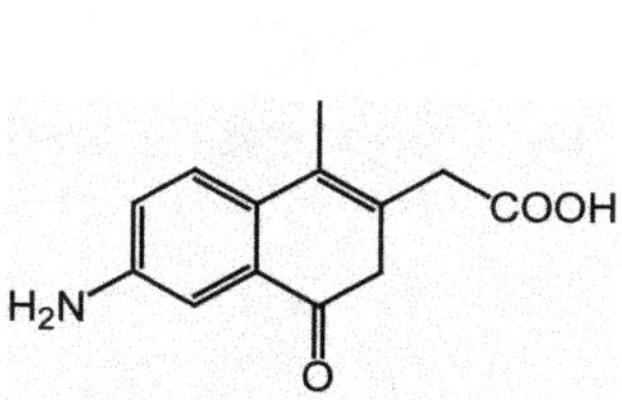

图 12-6 AMCA 分子结构式

(4) 2-氨基吖啶酮(2-Aminoacridone, AMAC)，$\lambda_{ex}/\lambda_{em}=$

420nm/538nm，其分子结构式如图 12-7 所示。

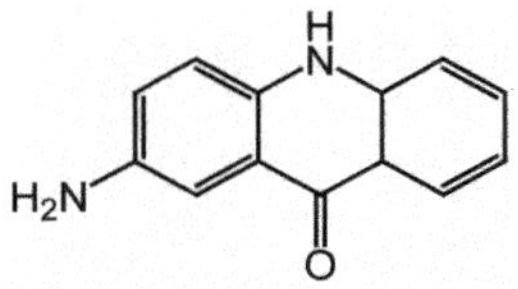

图 12-7 AMAC 分子结构式

不同报告基团对 Caspase-3 底物 Ac-DEVD-X 的结合稳定性有差异，其动力学常数见表 12-2。

表 12-2 动力学常数

Substrate	k_{cat}(sec^{-1})	K_M(μm)	$k_{cat}/K_M \times 10^6$(m^{-1} · sec^{-1})
Ac-DEVD-AMAC	9.95	4.68	2.13
Ac-DEVD-AMCA	5.86	13.65	0.42
Ac-DEVD-AMC	9.1	10	1.4
Ac-DEVD-AFC	—	16.8	1.3
Ac-DEVD-pNA	2.4	11	0.22

另外，底物多肽的 Asp 羧基与不含生色分子的氨基脱水成键结合，可以作为 Caspases 的竞争性抑制底物。如 *N*-Acetyl-Asp-Glu-Val-Asp-al(Ac-DEVD-CHO)，将 *N*-乙酰化的 DEVD 多肽 Asp 残基羧基醛基后可以作为 Caspase-3 的抑制剂，竞争性抑制 Caspase-3 对 Ac-DEVD-AMC 的水解作用。Ac-DEVD-CHO 和 Ac-DEVD-AMC 分子结构式如图 12-8 所示。

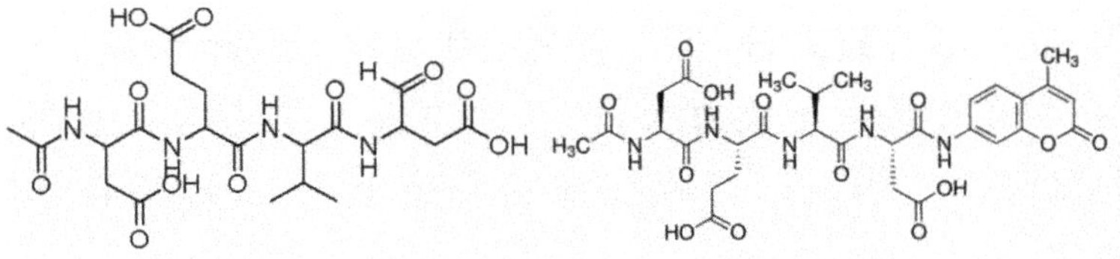

Ac-DEVD-CHO　　Ac-DEVD-AMC

图 12-8 Ac-DEVD-CHO 和 Ac-DEVD-AMC 分子结构式

第二节　实验方案

一、实验材料

超净工作台，离心机，天平，荧光显微镜，振荡培养箱，CO_2 培养箱，流式细胞仪，试管；动物细胞，RPMI 1640 培养基，胎牛血清，青链霉素，PBS 缓冲液，凋亡刺激药物等。

二、实验方法

(一)细胞培养

将细胞按 5×10^5/孔接种于 ϕ60mm 的培养皿中，5%CO_2 培养箱中 37℃培养 24～48h。直接用 5μmol/L $A\beta_{1-42}$实验药物或自己感兴趣的药物刺激细胞。

(二)细胞总蛋白提取及定量

将细胞原培养液吸除，加入预冷 PBS 洗涤 2 次，每次加入 2mL，尽可能除尽细胞碎屑以及残留药物。向每个培养皿中加入 150～200μL 混合裂解液，冰上放置，用细胞刮刮净培养皿中的细胞(过程中动作幅度不宜过大，谨防冰块进入细胞培养皿内)。细胞培养皿底部透明后即可收集细胞悬液至 1.5mL 离心管中，冰浴裂解 30min。

冰浴裂解结束后，4℃离心，离心参数为 10000×g，时间 15min。吸取上清液至新的 1.5mL 离心管中，取 6μL 用于测定蛋白浓度，按照 BCA 蛋白定量方法测定总蛋白浓度。

(1) Western Blot 分析 Procaspase-3、Caspase-3 以及 Capase-3

对底物的酶切水平。总蛋白提取液溶液按 1∶4 体积比例加入 5×SDS蛋白电泳上样缓冲液，混匀并密封盖口，置于沸水中煮 5～10min。按 30～50μg 蛋白上样量计算 SDS-PAGE 的上样体积。SDS-PAGE 免疫印迹分析蛋白质方法见第十一章。

(2)紫外-可见光/荧光分光光度计分析活化的 Caspase-3 对底物的切割活性。小心移取离心上清液至 1.5mL 的离心管中，加入荧光前体底物 Ac-DEVD-AMC(Caspase-3 四肽荧光底物)，37℃ 避光反应 1h，荧光分光光度计分析荧光强度(激发光波长为 380nm，发射光波长为 430～460nm)。如果检测的荧光强度较弱，可以增加反应时间以增加 AMC 产物的浓度。

(3)流式细胞术分析活化 Caspases 酶表达水平。收获正常细胞和凋亡细胞，样品染色：离心收集细胞后，空白对照组，不加 Caspase-3 的底物 Ac-DEVD-AMC 孵育；染色组：加最终浓度为 10μmol/L 的 Caspase-3 底物 Ac-DEVD-AMC 孵育；抑制组：先加入最终浓度为 10μmol/L 的 Caspase-3 抑制底物 Ac-DEVD-CHO，同时加入 10μmol/L 的 Ac-DEVD-AMC 孵育，孵育 30min 后上机检测。

流式细胞仪分析 Caspase-3 阳性细胞数和平均荧光强度。加有 Ac-DEVD-AMC 底物的凋亡细胞样品释放出的荧光强度应该比正常细胞对照样品明显升高，样品染色组荧光强度应该比染色抑制组明显加强。因为 Ac-DEVD-CHO 可以抑制 Caspase-3 对 Ac-DEVD-AMC 的水解，因而样品不产生荧光，加入 Ac-DEVD-CHO 时再加入 Ac-DEVD-AMC，样品释放的荧光强度理论上与染色空白对照样品无差异。

注：如果 Ac-DEVD-AMC 与 PI 配合使用，还可以检测细胞的早期凋亡和晚期凋亡水平。

三、实验结果案例

(一)Western Blot 检测 Caspase-3 的原酶及活性片段水平

线粒体损伤导致细胞色素 C 的释放，从而诱导了半胱天冬酶 Caspase-9 和 Caspase-3 级联激活作用，导致细胞凋亡。蛋白印迹结果显示(如图 12-9 所示)，与正常对照组相比，$A\beta_{1-42}$损伤组细胞中活化的 Caspase-3(15～17kD)含量显著升高($P<0.01$)；与$A\beta_{1-42}$损伤组相比，5μmol/L、10μmol/L 姜黄素保护组中活化的 Caspase-3 的含量则明显降低($P<0.01$)。结果表明，一定浓度范围内姜黄素减缓了 $A\beta_{1-42}$ 诱导的细胞线粒体损伤而导致的 Caspase 级联促凋亡作用。

另外，Caspase-3 对细胞内源性底物水平的水解作用也是判断 Caspase-3 被激活的重要指标。如图 12-10 所示，Caspase-3 被激活后导致细胞内源性底物多聚腺苷二磷酸酯核糖聚合酶(PRAP)的水解，水解程度与 Caspase-3 活性呈现正相关性。

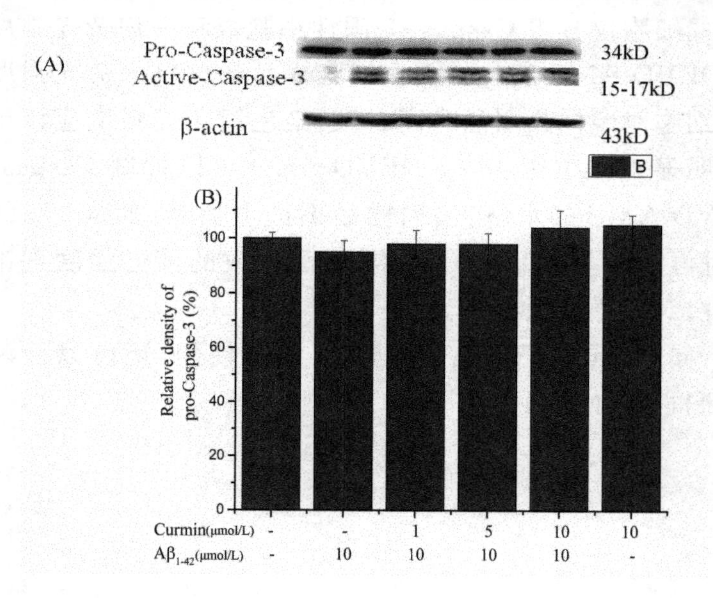

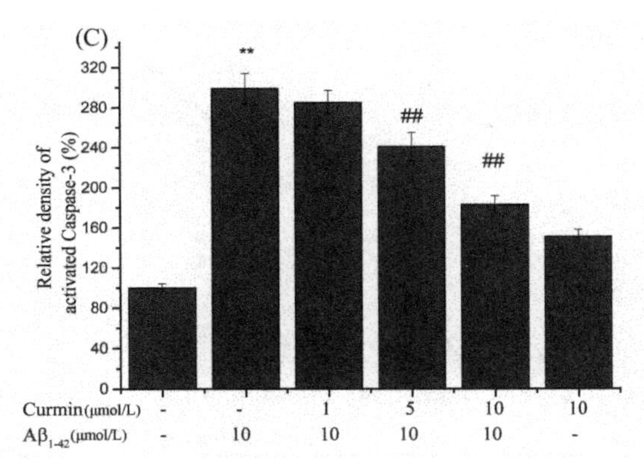

图 12-9 Western blot 分析姜黄素保护作用下

Aβ 对 SH-SY5Y 细胞 Caspase-3 原酶及活化片段的影响

（图片来源于陆书彦，黄汉昌等. 中国药理学与毒理学杂志，2017）

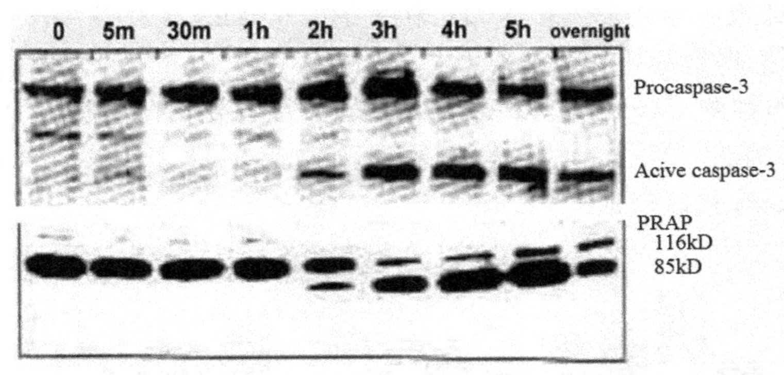

图 12-10 Western Blot 检测 Caspase-3 原酶/活化片段级对底物 PRAP 的裂解水平

细胞凋亡过程中，活化的 Caspase-3 水平与凋亡进程相关，凋亡早期活化的 Caspase-3 含量随细胞凋亡进程而上升，但到凋亡晚期后活化的 Caspase-3 含量随之降低。活化的 Caspase-3 对底物 PRAP 的酶切能力也呈现相似的变化趋势。

(二)紫外-可见光/荧光分光光度计分析活化的 Caspase-3 对底物的切割活性

荧光底物检测 Caspase-3 酶切活性也显示，凋亡早期活化的 Caspase-3 酶活性随细胞凋亡进程而上升，但到凋亡晚期后活化的 Caspase-3 酶活性随之下降(如图 12-11 所示)。

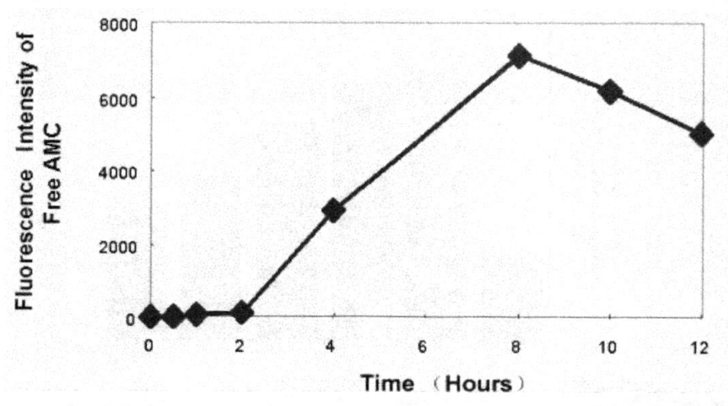

图 12-11　VP16 处理 Jurkat 细胞凋亡过程中 Caspase-3 酶活性的时间依赖性

如图 12-12 所示，与正常对照组相比，$A\beta_{1-42}$ 损伤组 Caspase-9 和 Caspase-3 酶活性均显著升高（$P<0.01$，$P<0.01$），说明 $A\beta_{1-42}$ 处理细胞后导致了线粒体凋亡相关的 Caspases 级联激活作用；与 $A\beta_{1-42}$ 损伤组相比，$1\mu mol \cdot L^{-1}$、$5\mu mol \cdot L^{-1}$、$10\mu mol \cdot L^{-1}$ 姜黄素保护组细胞 Caspase-9 和 Caspase-3 酶活性均显著降低（$P<0.01$，$P<0.01$，$P<0.01$），姜黄素保护细胞后减缓了 $A\beta_{1-42}$ 诱导的 Caspases 级联激活作用。

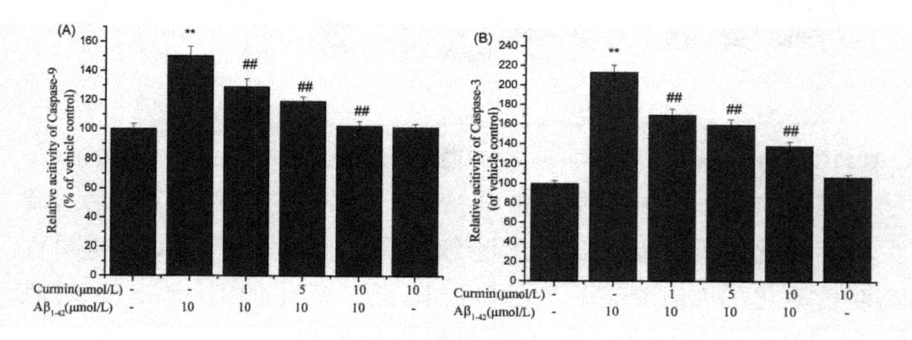

图 12-12　姜黄素保护作用下 Aβ 处理 SH-SY5Y 细胞对 Caspase-9 和 Caspase-3 酶活性的影响

（图片来源于陆书彦，黄汉昌等. 中国药理学与毒理学杂志，2017）

（三）流式细胞术分析

Caspase 被激活的细胞阳性数量可以通过细胞计数来统计。人工合成的四肽荧光底物 DEVD-AMC 可以穿透细胞膜，在活化的 Caspase-3 作用下，在 DEVD 与 AMC 之间被水解，释放荧光物质 AMC(7-氨基-4-甲基香豆素，7-Amino-4-methylcoumarin)在紫外线激发下发出波长为 430～460nm 的荧光，通过流式细胞仪对其强度进行定量测定(如图 12-13 所示)。

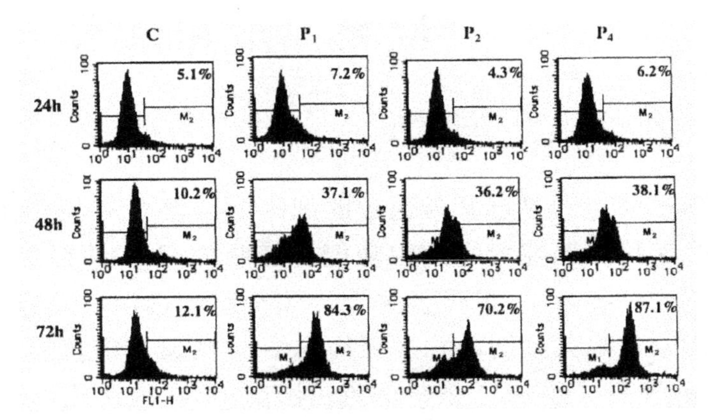

图 12-13　流式细胞术检测活化的 Caspase-3 阳性细胞数和平均荧光强度

(图片来源于 Fox R et. al. Methods Mol Biol，2008)

急性 T 淋巴细胞白血病细胞系 Molt4 细胞经三种 200μmol/L 凋亡诱导核苷(Apoptosis-inducing Nucleosides)分别处理(P1、P2、P4)，未处理组作对照。细胞内的 Caspase-3 活性均呈现剂量依赖性。

注：横坐标为荧光强度，纵坐标为计量细胞数，图中标注的是 Caspase-3 阳性细胞百分数。

四、实验注意事项

在检测 Capases 酶活性实验中，裂解液中不要调节 Caspses 酶抑制剂，以免造成后续检测时 Caspses 降低或者不能检测出酶活性。

第十三章　活细胞内游离 Ca^{2+} 检测方法和技术

钙离子(Ca^{2+})是已知最通用的细胞内信使之一，细胞内游离钙离子几乎可以调控所有细胞功能。细胞内 Ca^{2+} 的释放与存储受到精细的调控，Ca^{2+} 的调控失调导致细胞生理活性的异常。众多刺激因素诱导的细胞凋亡过程均与 Ca^{2+} 的调控密切相关，细胞内 Ca^{2+} 的升高导致 Ca^{2+} 依赖的蛋白激酶/酯酶的活化，导致细胞凋亡事件的发生。本章介绍了荧光探针法检测胞内 Ca^{2+} 相对的水平的原理、检测方法和技术。

第一节　检测原理

机体中细胞处于生理环境中，在正常生理状态下，细胞外游离的 Ca^{2+} 浓度约为 1.5mmol/L，细胞膜内游离的 Ca^{2+} 浓度约为 0.1～1.0μmol/L，细胞膜外 Ca^{2+} 浓度比细胞内高达 1 万倍左右。维持如此大的浓度梯度，主要靠细胞膜对 Ca^{2+} 极低的通透性、依赖质膜两侧钙泵(Na^{+}-Ca^{2+} 交换系统将 Ca^{2+} 主动排除)，胞内钙亲合蛋白的缓冲以及通过细胞内钙库的摄取贮存 Ca^{2+} 。

细胞内游离 Ca^{2+} 的浓度受到精密的调控，细胞内一些钙结合到带负电的蛋白上，另外一些细胞器，如线粒体、内质网和突轴小泡等能摄取和贮存 Ca^{2+}，其中线粒体是细胞内最重要的钙库之一。当细胞受刺激时，细胞外及细胞器中的 Ca^{2+} 都可能被动地进入细胞质,使胞质中游离 Ca^{2+} 浓度升至 1～10μmol/L,从而引起一定的生理或病理反应,甚至引起细胞的级联凋亡作用。因此细胞内游离钙 Ca^{2+} 检测具有非常重要的意义,可以作为细胞信号通路的发现和药物阻断治疗,也可以作为早期细胞凋亡的判断指标。

近年来,细胞内 Ca^{2+} 的测定方法随着分析仪器与技术的进步而有了长足的发展,其测定方法主要包括电极法、同位素示踪法、核磁共振法、高流通量测定法、离子指示剂法等,本章中主要介绍 Ca^{2+} 荧光指示剂法。

生理活动或细胞接受刺激而导致 Ca^{2+} 释放往往是瞬时性的,与众多的蛋白质半衰期相比而言,Ca^{2+} 的消退时间也是很短暂的,因此对细胞内 Ca^{2+} 浓度的检测一般采用活细胞在线的检测方法。Ca^{2+} 敏感的荧光指示剂(探针)由于其便捷和使用安全性高等特点,被广泛地应用于细胞内 Ca^{2+} 相对含量的研究。

Ca^{2+} 荧光指示剂显色原理如图 13-1 所示。Ca^{2+} 敏感的荧光指示剂一般是带负电荷的亲水性分子,带电荷亲水性的物质一般难以通过分子自由扩散的形式通过细胞膜。因此,Ca^{2+} 敏感的荧光指示剂一般设计成不带电荷的脂溶性前体分子,其通过跨膜扩散到细胞膜内,在胞内酯酶(Esterase)的作用下释放出离子化 Ca^{2+} 敏感的荧光指示剂分子,不能从胞内穿透细胞膜至细胞外液。一般地,Ca^{2+} 敏感的荧光指示剂(Y)在缺少 Ca^{2+} 时,只在激发光下产生较微弱的荧光,但在结合 Ca^{2+} 时(CaY),其产生的荧光则大大加强,通过荧光指示剂荧光强度的变化能够表征 Ca^{2+} 水平的变化。

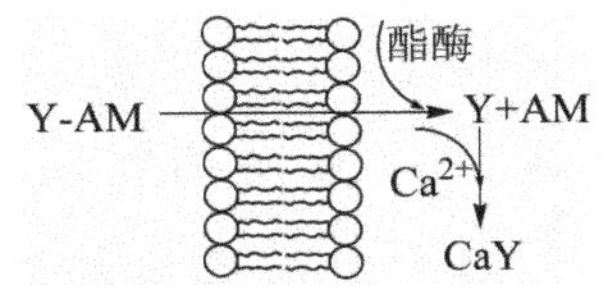

图 13-1　Ca^{2+} 荧光指示剂显色原理

下面介绍几种常用的 Ca^{2+} 敏感的荧光指示剂。

一、Quin 2

Quin 2(如图 13-2 所示)是第一代 Ca^{2+} 敏感的荧光指示剂，Quin 2-AM 是 Quin 2 的乙酰氧基甲基酯衍生物[Acetoxymethyl (AM) Ester]，能够轻易地穿过细胞膜。进入细胞后 Quin 2-AM 酯结构立刻被水解，产生 Quin 2。Quin 2 能够和钙($\log K_{CaY}=7.1$)形成稳定的荧光螯合物，但和镁却不行($\log K_{MgY}=2.7$)。Quin 2 的激发波长为 339nm，发射波长为 492nm，当与 K_{MgY} Ca^{2+} 结合后，Quin 2 荧光强度能够增强 20 倍。

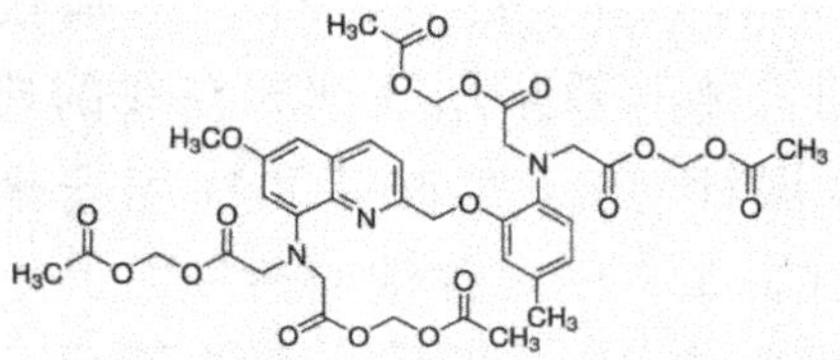

Quin 2-AM 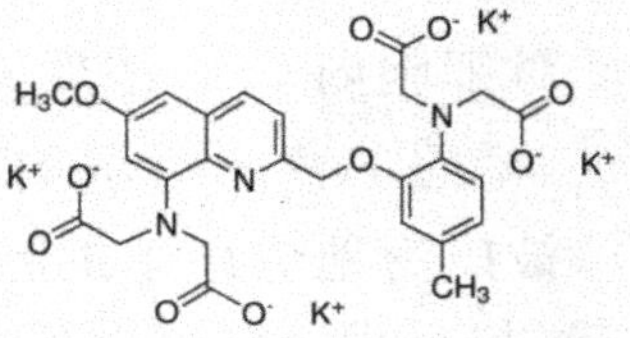　　　　Quin 2 钾盐

图 13-2　Quin 2 分子结构式

二、Indo 1

Indo 1(如图 13-3 所示)与 Ca^{2+} 有很高的结合能力($K_d \approx$ 0.23μmol/L)，Indo 1-AM 是 Indo 1 的乙酰氧基甲基酯衍生物，它通过培养能够进入活细胞内，在酯酶的作用下被水解为 Indo 1。没有与 Ca^{2+} 结合时，Indo 1 的激发波长为 349nm，发射波长为 482nm；但是与 Ca^{2+} 结合后，发射波长发生蓝移，激发波长为 331nm，发射波长为 398nm(如图 13-4 所示)。因此，除了荧光成像外，可以荧光分光光度计或流式细胞仪测定双波长的荧光信号，通过比率法检测 Ca^{2+} 相对含量。实际检测时经常推荐使用的激发波长为 340nm，发射波长为 400～500nm。

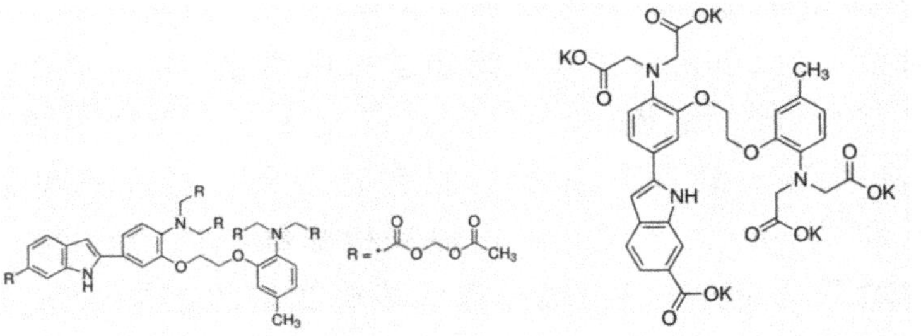

Indo 1-AM　　　　Indo 1 钾盐

图 13-3 Indo 1 分子结构式

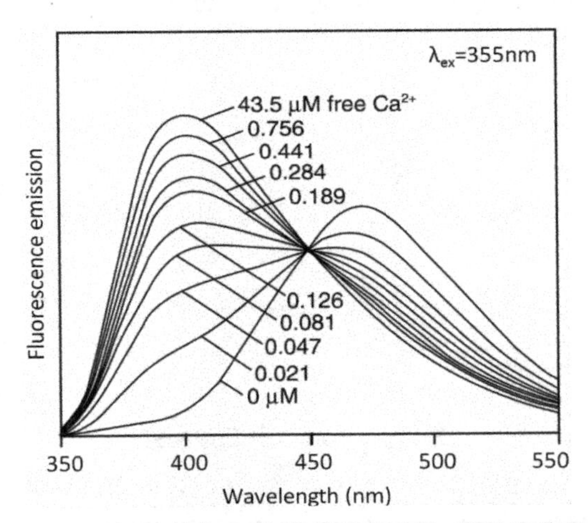

图 13-4 Indo 1 结合 Ca^{2+} 前后荧光激发、发射光谱特性

三、Fura 2

Fura 2(如图 13-5 所示)是在 Indo 1 荧光特性的基础上开发的第二代荧光探针，也是目前常用的检测细胞内钙离子浓度的指示剂之一，与 Ca^{2+} 有很高的结合能力($K_d \approx 0.14\mu mol/L$)。与 Ca^{2+} 结合后，Fura 2 荧光强度比 Quin 2 大，$1\mu mol/L$ Fura 2 结合后的信号强度相当于 $30\mu mol/L$ 的 Quin 2 结合后的信号强度。同 Indo 1 一样，Fura 2 也是一种比率测量的钙荧光指示剂。没有与 Ca^{2+} 结合时，Fura 2 的激发波长为 363nm，发射波长为 512nm；但是与 Ca^{2+} 结合后，发射/激发波长发生蓝移，最大激发波长为 335nm(最大激发波长随离子浓度的不同而有所不同)，最大发射波长为 505nm，并且荧光强度有所增强(如图 13-6 所示)。Fura 2 结合 Ca^{2+} 后在 330～350nm 激发光下可以产生较强的荧光，而在 380nm 激发光下产生的荧光很弱。这样就可以使用 340nm 和 380nm 两个荧光的比值来检测细胞内的钙离子浓度，可以消除不同细胞样品间荧光探针装载效率的差异，荧光探针的渗漏，细胞厚度差异等一些误差因素。Fura 2 和钙离子结合后，实际检测时经常推荐使用的激发波长为 340nm，发射波长为 510nm。如果做双波长检测，则推荐使用的激发波长为 340nm 和 380nm。

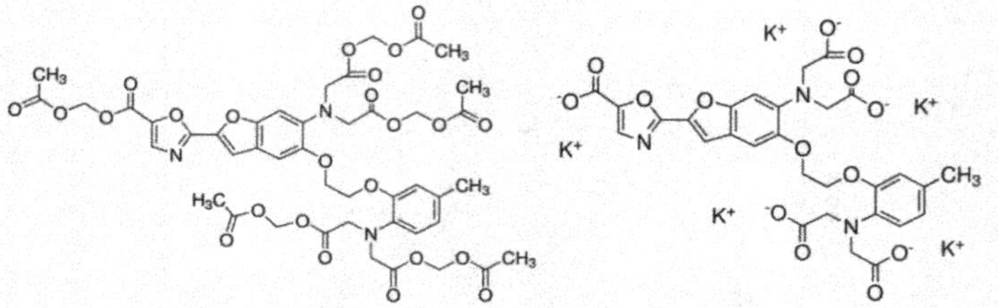

Fura 2-AM　　　　Fura 2 钾盐

图 13-5　Fura 2 分子结构式

Fura 2 有较强的抗荧光淬灭能力，在荧光显微镜或其他荧光检测设备上可以连续检测 1h 而不影响其荧光效果。

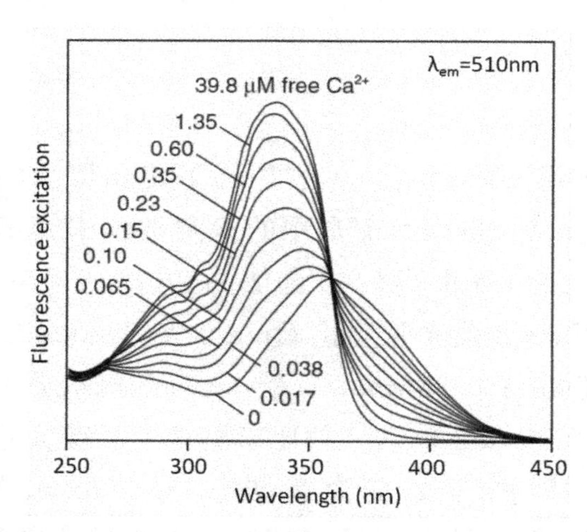

图 13-6　Fura 2 结合 Ca^{2+} 前后荧光激发、发射光谱特性

Fura 2-AM 是 Fura 2 乙酰氧基甲基酯衍生物，可以穿透细胞膜。Fura 2-AM 的荧光比较弱，最大激发波长为 369nm，最大发射波长为 478nm，并且其荧光不会随钙离子浓度改变而改变。Fura 2-AM 进入细胞后可以被细胞内的酯酶剪切形成 Fura 2，从而被滞留在细胞内。

四、Fluo 3

Fluo 3(如图 13-7 所示)是目前最常用的一种检测细胞内 Ca^{2+} 荧光指示剂，与 Ca^{2+} 有很高的结合能力($K_d \approx 0.39 \mu mol/L$)。Fluo 3 若以游离配体形式存在时几乎是非荧光性的，但是当它与 Ca^{2+} 结合后荧光会增加 60～80 倍。与 Ca^{2+} 结合后，最大激发波长为 506nm，最大发射波长为 526nm，实际检测时推荐使用的激发波长为 488nm 左右，发射波长为 525～530nm(如图 13-8 所示)。

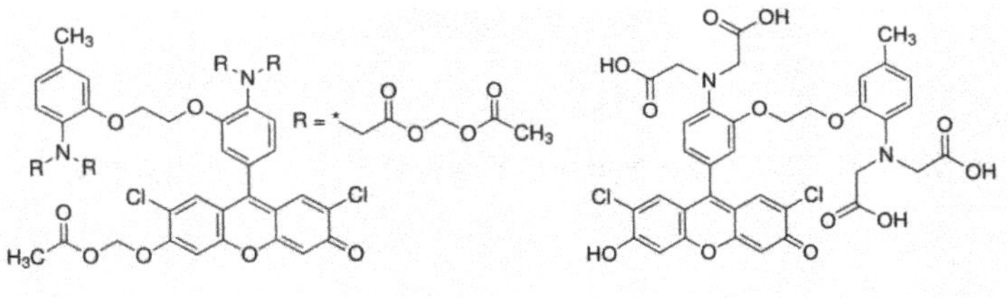

Fluo 3-AM　　Fluo 3

图 13-7　Fluo-3 分子结构式

Fluo 3-AM 是 Fluo 3 的一种乙酰氧基甲基酯衍生物，通过培养很容易进入细胞中，在酯酶的作用下水解产生亲水性的 Fluo 3，从而滞留在细胞内。

Fluo 3 和 Fura 2 相比，其优点是：一方面可以被氩离子激光(Argon-ion Laser)的 488nm 激发光激发，便于检测；另一方面，Fluo 3 和 Ca^{2+} 结合后荧光变化更强，即对 Ca^{2+} 浓度变化的检测更加灵敏；同时，Fluo 3 和 Ca^{2+} 的结合能力较弱，这样可以比 Fura 2 检测到细胞内更高浓度的 Ca^{2+} 水平；此外，对于细胞内的 Ca^{2+} 的即时变化反应得更加准确，减小了因为和钙离子解离速度慢而导致的荧光变化滞后。

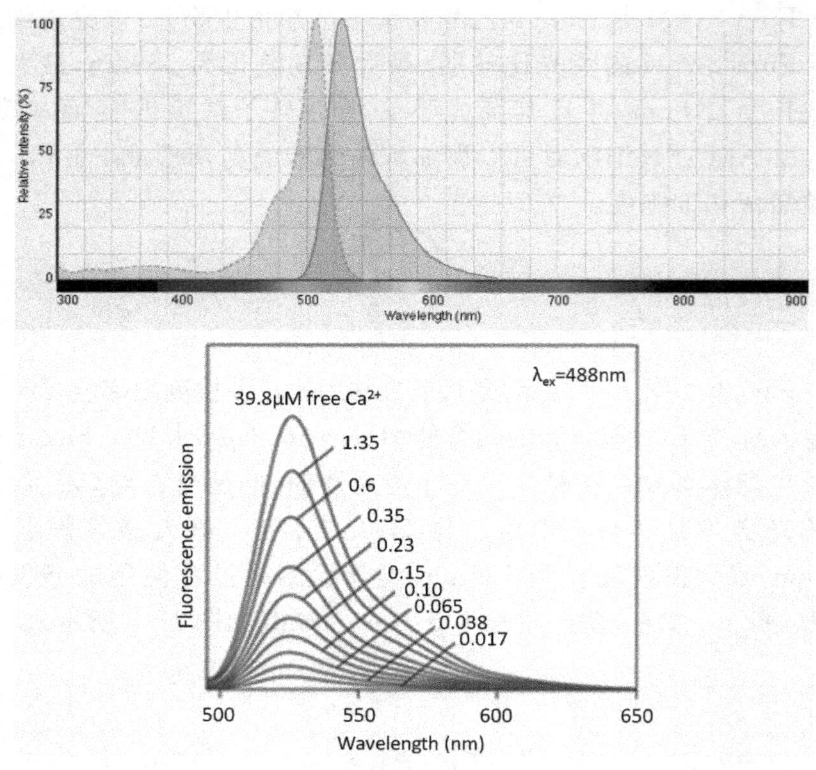

图 13-8　Fluo 3 荧光光谱特性及结合 Ca^{2+} 后发射光强度变化

五、Fluo 4

Fluo 4 是 Fluo 3 结构类似物，Fluo 4 和 Ca^{2+} 的亲和力与 Fluo 3 近似（$K_d = 0.36\mu mol/L$）。与 Fluo 3 相比，Fluo 4 分子中的 F 替换了 Cl。由于 Cl 被替换成了电子吸引力更强的 F，因此 Fluo 4 结合 Ca^{2+} 后的最大激发波长向短波长处偏离 10nm 左右。这个波长更接近于氩激光器的波长，所以用氩激光器激发时，Fluo 4 的荧光强度比 Fluo 3 强。Fluo 4 和 Ca^{2+} 结合后可以产生较强的荧光，最大激发波长为 494nm，最大发射波长为 516nm（如图 13-9 所示）。实际检测时推荐使用的激发波长为 488nm，发射波长为 512～520nm。

Fluo 4-AM（如图 13-10 所示）是 Fluo 4 的一种乙酰氧基甲基

酯衍生物，Fluo 4-AM 的荧光非常弱，其荧光不会随钙离子浓度升高而增强。Fluo 4-AM 进入细胞后可以被细胞内的酯酶剪切形成 Fluo 4，从而被滞留在细胞内。

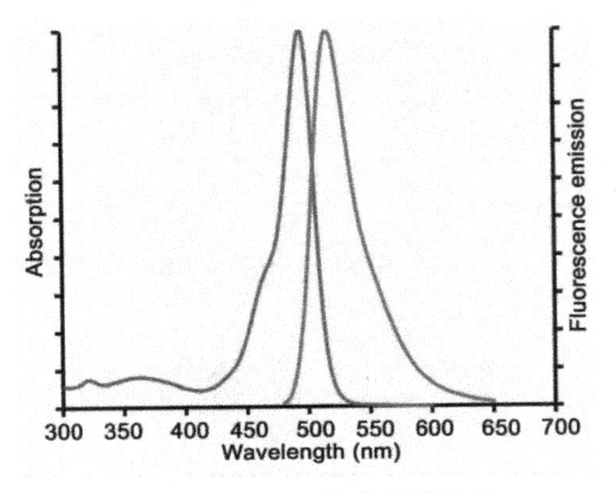

图 13-9　Fluo 4 荧光光谱特性

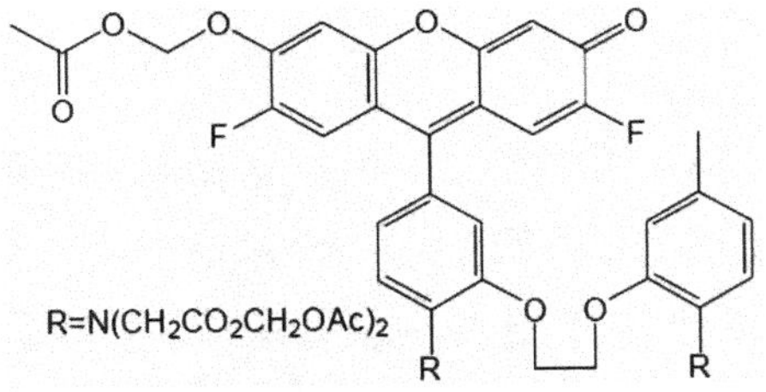

图 13-10　Fluo 4-AM 分子结构式

六、Rhod 2

与 Fluo 3 相似，Rhod 2 分子具有类似罗丹明的生色基团，具有和罗丹明类似的激发和发射波长，分别为 552nm 和 581nm。Rhod 2 激发和发射光谱在 Ca^{2+} 浓度改变时没有明显的迁移。该探针在结合 Ca^{2+} 之前基本不发射荧光，但当提高 Ca^{2+} 浓度后荧光强度则大大增强。

Rhod 2 和 Ca^{2+} 的亲和能力较 Fluo 3 弱（K_d＝0.57μmol/L），当从低浓度 Ca^{2+} 到高浓度的 Ca^{2+} 时，Rhod 2 荧光增加量比 Fluo 3 小很多，而且它的荧光强度也比 Fluo 3 小得多。

Rhod 2-AM（如图 13-11 所示）是一种 Rhod 2 的乙酰氧基甲

基酯衍生物，能非常容易地穿透细胞膜并通过酯酶水解后负载到细胞内。

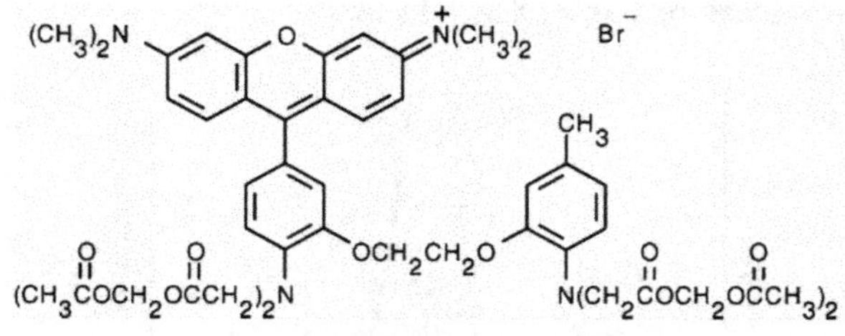

图 13-11　Rhod 2-AM 分子结构式

第二节　实验方案

一、实验材料

超净工作台，离心机，天平，荧光显微镜，振荡培养箱，CO_2 培养箱，流式细胞仪试管；动物细胞，细胞培养基，胎牛血清，青链霉素，PBS 缓冲液，β-淀粉样蛋白 $A\beta_{1-42}$，Ca^{2+} 敏感荧光指示剂等。

二、实验方法

(一)细胞培养

将细胞按 5×10^5/孔接种于 ϕ60mm 的培养皿中，5%CO_2 培养箱中 37℃培养 24～48h。

(二)探针装载

(1)5mmol/L Ca^{2+} 荧光探针储备液的配制：称取适量的 Ca^{2+} 荧光探针粉末，溶解于适量的 DMSO 中，按 50μL 的体积分装后于－20℃冷冻保存。

(2)5μmol/L Ca^{2+} 荧光探针工作液的配制：使用前将 5mmol/LCa^{2+}

荧光探针储备液管取出，室温放置、充分解冻后，按照 1∶1000 用无血清培养基充分旋涡溶解，最终 Ca^{2+} 荧光探针工作液的浓度为 5μmol/L。

(3)原位装载探针：适用于贴壁培养细胞。吸除细胞培养液，加入 1mL 5μmol/L Ca^{2+} 荧光探针工作液。放入细胞培养箱孵育 20min，而后用无血清培养基洗涤细胞三次。

(4)收集细胞后装载探针：适用于悬浮培养细胞或者胰酶消化后悬浮的细胞。细胞收集后悬浮于 5μmol/L Ca^{2+} 荧光探针工作液中，细胞浓度为 $1\times10^6\sim1\times10^7$/mL，37℃细胞培养箱内孵育 20min。每隔 3～5min 颠倒混匀一下，使探针和细胞充分接触。用无血清培养液洗涤 3 次。

(5)直接用 5μmol/L $A\beta_{1-42}$ 实验药物或自己感兴趣的药物刺激细胞，并在不同刺激时间内检测 Ca^{2+} 探针荧光信号。

(三)荧光信号检测

使用 340nm 波长激发，510nm 发射波长进行检测 Fluo 3/4 荧光信号。

使用 488nm 波长激发、525nm 发射波长进行检测 Fura 2 荧光信号。

对于原位装载探针的样品可以用荧光显微镜直接在活细胞下观察，或收集细胞后用荧光分度计、酶标仪或流式细胞检测荧光密度。

对于收集细胞后装载探针的样品可以用荧光分度计、酶标仪或流式细胞检测荧光密度，也可用荧光显微镜直接观察。

三、实验案例

(一)流式细胞术检测 Ca^{2+} 探针标记细胞

流式细胞术检测 Ca^{2+} 探针标记细胞检测胞内 Ca^{2+} 水平如图

13-12 所示。

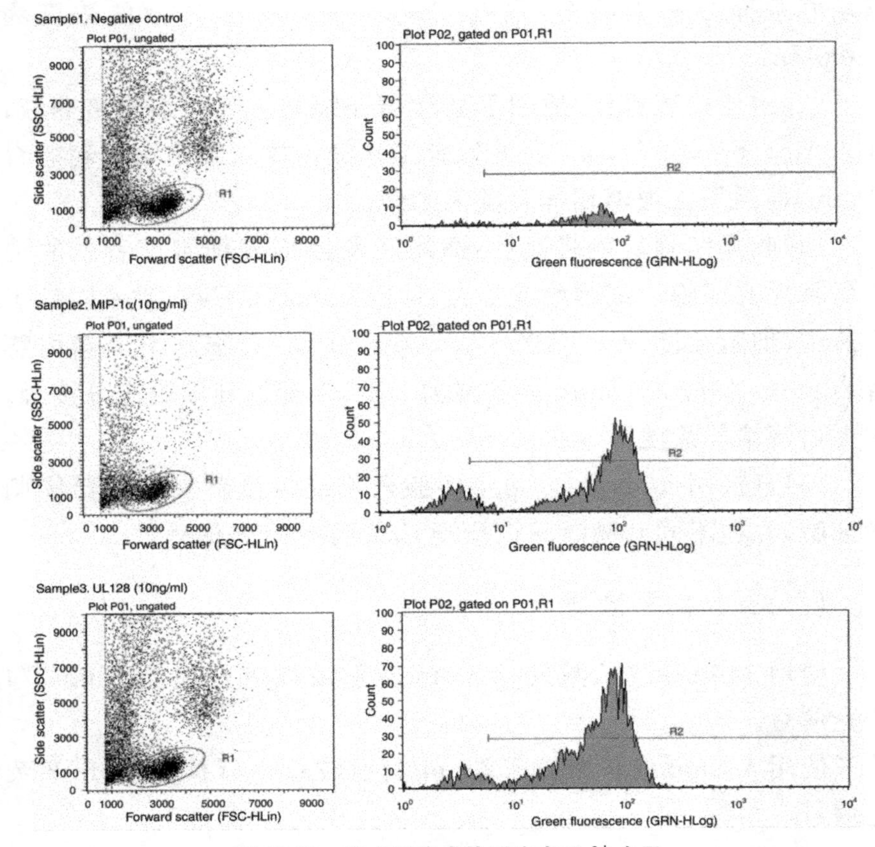

图 13-12　流式细胞术检测胞内 Ca^{2+} 水平

（图片来源于 Zheng Q，et. al. Braz J Infect Dis，2015）

Fluo 3-AM 探针装载外周血单一核细胞（Peripheral Blood Mononuclear Cells，PBMC）1h 后用 PBS 洗涤，用含有 Ca^{2+}、Mg^{2+} 和 1% FBS 的 D-Hank's 溶液重悬细胞至 5×10^{6} 个细胞/mL。样品 1 为空白组，样品 2 为巨噬细胞炎性蛋白-1α（MIP-1α）阳性药物处理组，MIP-1α 诱导细胞内含 Fluo 3 荧光的细胞数量的增加，说明 MIP-1α 导致了更多的细胞胞质中游离 Ca^{2+} 浓度的升高。

(二)荧光显微镜观察细胞荧光图像

荧光显微镜观察细胞荧光内游离 Ca^{2+} 水平如图 13-13 所示。

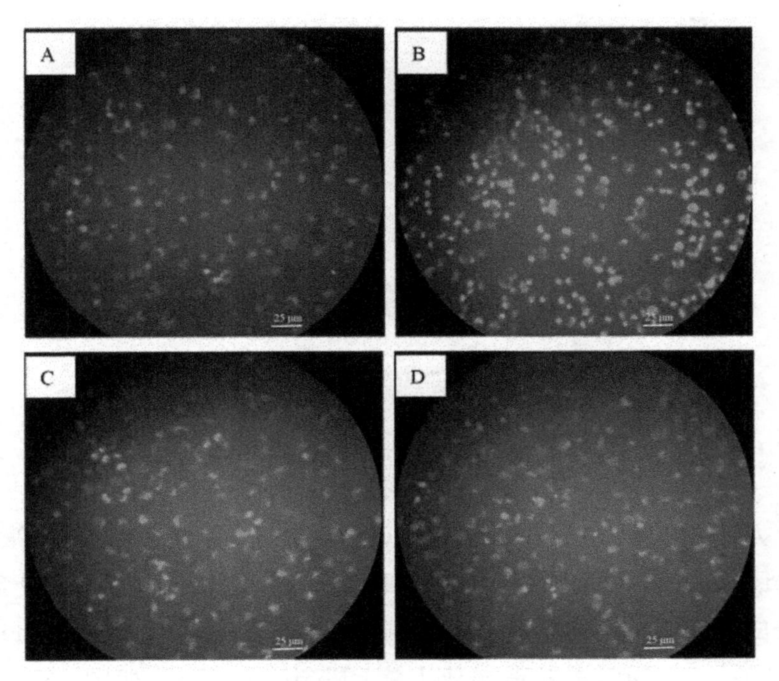

图 13-13　荧光显微镜观察细胞荧光内游离 Ca^{2+} 水平

(图片来源于 Huang HC,et. al. J Recept Signal Transduct Res,2015)

SH-SY5Y 细胞培养于 96-孔板培养板中,Fluo 4-AM 荧光探针转载 60min 后 $A\beta_{1-40}$ 刺激细胞,10min 后荧光显微镜下观察细胞图形。$A\beta_{1-40}$ 刺激细胞导致细胞内游离 Ca^{2+} 浓度上升,姜黄素预保护细胞后削弱了 $A\beta_{1-40}$ 诱导的细胞内游离 Ca^{2+} 浓度上升水平。

(三)荧光光密度计记录荧光动力学曲线

荧光光密度计记录细胞内 Ca^{2+} 变化荧光动力学曲线如图 13-14 所示。

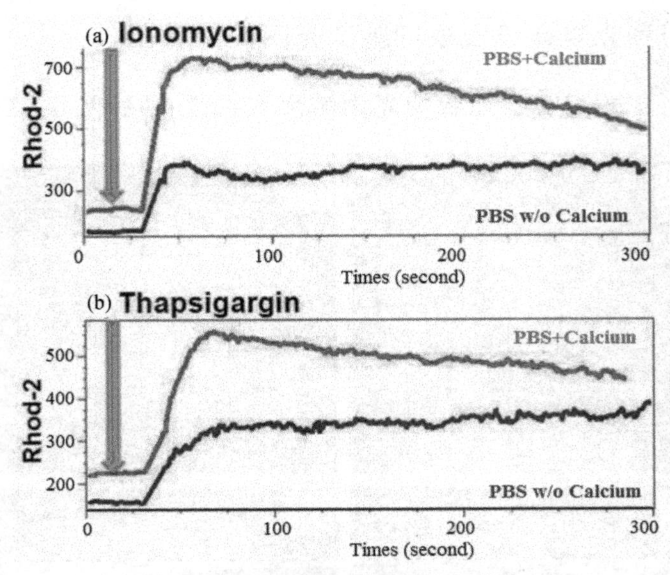

图 13-14　细胞内 Ca^{2+} 变化动力学曲线

（图片来源于伦敦大学布利泽德细胞与分子科学研究所）

人外周血白血病 T 细胞（Jurkat T 细胞）37℃培养，用 0.5mg/mL Rhod 2-AM 探针转载 45min，洗涤后用不含或含有 Ca^{2+} 的 PBS 重悬细胞，用 10μg/mL 的离子霉素（Ionomycin）[如图 13-14(a)所示]或者毒胡萝卜素（Thapsigargin）[如图 13-14(b)所示]处理细胞，并同时记录 340nm 激发下 400nm 和 500nm 发射荧光强度。以时间(s)对发射光密度作图。实验结果表明，药物处理 30s 后细胞内 Ca^{2+} 浓度开始升高。

四、实验注意事项

(1)一般地，荧光探针储备液在 4℃、冰浴等较低温度情况下会凝固而粘在离心管管底、管壁或管盖内，可以在 20～25℃水浴温育片刻至全部溶解后使用。

(2)乙酰氧基甲基酯(AM)化探针比较容易水解，使用时注意保持干燥。

(3)荧光染料均存在淬灭问题，请尽量注意避光，以减缓荧光淬灭。

(4)探针的装载工作浓度、细胞量、孵育温度和时间等需要根据不同实验预先摸索。通常地，探针和细胞一起在 20℃～37℃孵育 10～60min，随后进行适当的洗涤，洗涤后可以考虑适当再孵育 20～30min 以确保 AM 化探针在细胞内充分被去酯化。

第十四章　Annexin V-FITC/PI 流式细胞术检测细胞凋亡原理和方法

细胞凋亡过程中在结构形态上发生一系列的变化,包括细胞核、细胞质膜的变化等,以及分子生物学变化特性。在凋亡的不同阶段,这些凋亡事件发生变化有时差性。通过检测一些特征性事件一方面可以辨别细胞凋亡的发生,另一方面可以区分细胞凋亡的不同阶段。本章介绍了在结合细胞核 DNA 染色情况下通过分析细胞膜的完整性及膜的不对称性检测细胞凋亡不同阶段的原理、检测方法及技术。

第一节　检测原理

在正常细胞中,磷脂酰丝氨酸只分布在细胞膜脂质双层的内侧。在细胞发生凋亡的早期,膜磷脂酰丝氨酸(PS)由脂膜内侧翻向外侧。这一变化早于细胞皱缩、染色质浓缩、DNA 片断化和细胞膜的通透性增加等凋亡现象。

Annexin V 是一种 Ca^{2+} 依赖性磷脂结合蛋白,与磷脂酰丝氨酸有很高的亲和力。Annexin V 可通过细胞外侧暴露的磷脂酰丝氨酸与凋亡细胞的胞膜结合。因此,Annexin V 是检测细胞早期凋亡的灵敏指标。将 Annexin V 进行荧光素(如异硫氰酸荧光素(Fluorescein Isothiocyanate,FITC)、藻红蛋白(P-phycoerythrin,PE)或 Biotin 标记,以标记了的 Annexin V 作为荧光探针,利用流式细胞仪或荧光显微镜可检测细胞凋亡的发生。

碘化丙啶(Propidium Iodide,PI)是一种核酸染料,不能透过完整的细胞膜,只能透过凋亡中、晚期的细胞和死细胞的细胞膜,将细胞核染成红色,可作为细胞晚期凋亡或坏死细胞的荧光探针。

将 Annexin V 和 PI 匹配使用检测细胞凋亡状态时,PI 被排除在活细胞(Annexin V^-/PI^-)和早期凋亡细胞(Annexin V^+/PI^-)之外,晚期凋亡细胞同时被 Annexin V 和 PI 结合呈现双阳性(Annexin V^+/PI^+),而坏死细胞 PI 染色但不能与 Annexin V (Annexin V^-/PI^+)结合。因此 Annexin V 和 PI 匹配使用既可区分凋亡早期细胞又可以区分晚期细胞以及死细胞(如图 14-1 所示)。

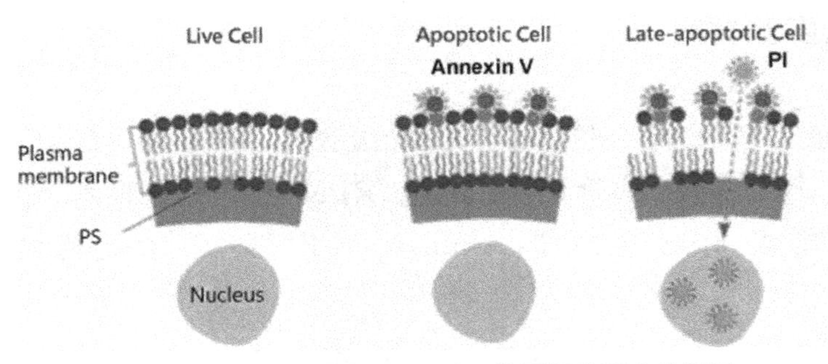

图 14-1　Annexin V-FITC/PI 检测细胞凋亡的原理

流式细胞术(Flow Cytometry)是 20 世纪 70 年代发展起来的一种利用流式细胞仪对细胞特征及细胞或细胞器的组成进行快速定量分析的一门技术。流式细胞仪由液流系统(鞘液室、废液箱、鞘液管、样本管、压力系统、流动室或喷嘴)、光学系统(激光光源、透镜、滤片)、电子系统(光电倍增管、信号放大器)、计算机系统以及分选系统等组成。当经过荧光染色样品悬液注入样品室、不含样品的鞘液注入鞘室后,两种液体被高压推动从喷嘴一起喷出,由于动力学原理,单个样品被鞘液包裹,排列成束并高速运动。随后样品束与激光器产生的激光束呈 90°垂直相遇,激光使样品产生荧光和各个方向的散射光,信号检测器的阻断滤片和双色反射镜可以除去激发光,仅让需要的荧光通过,光电倍增管对荧光进行检测并将荧光转化为电信号。各种散射光中,前向角散射光(Forward Light Scatter,FSC)(与激光夹角 0.5°～2°)和垂直角散射光(Side Scatter,SSC)(与激光束夹角 90°)与样品含有的颗粒数量有关,散射光检测器可以对这两种光进行检测。每个样品颗粒所产生的荧光和散射光通过检测器时均能被测定。流式细胞仪可在短时间内对成千上万的样品进行分析,分离准确率达 99%以上。

第二节 实验方案

一、实验材料

超净工作台,离心机,天平,荧光显微镜,振荡培养箱,CO_2 培养箱,流式细胞仪,试管;动物细胞,RPMI 1640 培养基,胎牛血清,青链霉素,PBS 缓冲液,Annexin V-FITC,PI,β-淀粉样蛋白 $A\beta_{1-42}$ 等。

二、实验方法

(一)细胞培养

将细胞按 5×10^5/孔接种于 ϕ60mm 的培养皿中,5% CO_2 培养箱中 37℃培养 24～48h。直接用 5μmol/L $A\beta_{1-42}$ 实验药物或自己感兴趣的药物刺激细胞。实验分组:按照具体的实验要求进行分组,分为对照组和实验组,其中对照组包括:空白对照组和实验组,其中对照组在染色方面是分为空白组、Annexin V-FITC 单染组、PI 单染组;实验组均为双染。

(二)细胞收集

悬浮细胞收集:100×g 离心 5min,丢弃上清液。

贴壁细胞:用不含 EDTA 的 0.25%胰酶消化收集后(注:胰酶消化时间不宜过长,否则会影响细胞膜上磷脂酰丝氨酸与 Annexin V-FITC 的结合),于室温 100×g 离心 5min,丢弃上清液。

细胞洗涤:用预冷 1mL 1×PBS(4℃)重悬细胞一次,100×g 离心 5min,丢弃上清液,重复 2 次,以清除 Ca^{2+} 螯合物,以免其与 Ca^{2+} 螯合,影响 Annexin V-FITC 的结合。

细胞重悬:加入 300μL 的 1×Binding Buffer(含 Ca^{2+})悬浮细胞。

Annexin V-FITC 标记:加入 20μg/mL 的 Annexin V-FITC 10μL 轻轻混匀,避光室温反应 15min 或 4℃反应 30min。

PI 标记:上机前 5min 再加入 50μg/mL 的 PI 染色液 5μL。

上机检测:上机前,补加 200μL 的 1×Binding Buffer,用流式细胞仪检测(λ_{ex}=488nm;λ_{em}=530nm)细胞凋亡的情况,在 1h 内上机检测完毕。

数据结果:细胞荧光计数 10000~20000 个细胞,在流式细胞仪的散点图像上,分为 4 个区域,左下方区域(Annexin V-FITC +/PI^-)为活细胞,右下方区域(Annexin V-FITC+/PI^-)为早期凋亡细胞,右上方区域(Annexin V-FITC+/PI^+)为中晚期凋亡细胞,左上方区域(Annexin V-FITC-/PI^+)为坏死细胞和机械损伤细胞。计算不同凋亡阶段的细胞比例。

注:使用流式细胞仪检测 Annexin V-FITC/PI 双染的细胞前,要求进行仪器荧光补偿来去除两种染料激发光之间的叠加作用。因为荧光补偿设置与 PMT 的电压直接相关,所以不同仪器之间的补偿不同。建议在实验开始阶段分析经 Annexin V、PI 分别单染的细胞来调整荧光补偿以去除光谱重叠。根据未处理细胞空白对照和经 Annexin V、PI 分别细胞染色后的单染对照的分析设定十字门的位置。

(1)上样未经染色的细胞，在线性 FS-SS 点图上显示细胞并设门圈出目标细胞群体。

(2)建立 LogFL1-LogFL2(最好用 FL3)双参数点图并分析以上光散射图中设门的细胞；保证>98%的细胞处于在 X、Y 轴 Log 1 为边界的左下象限中心区域。

(3)检测 Annexin V-FITC 单染的细胞并检查 FL1-FL2(或 FL3)散点图，保证在左上和右上象限内没有颗粒。如果有颗粒出现在上端象限则说明有荧光渗漏；此时 FL1 的荧光被 FL2(或 FL3)PMT 检测到了。为了纠正这种现象，增加 FL1 漏到 FL2(或 FL3)荧光的补偿(这可能在1%～5%之间)。如果这个调节没有有效地去除 FL2 的阳性信号，此时要降低 FL2(或 FL3) PMT 的电压。

(4)检测 PI 单染的细胞并检查 FL1-FL2(或 FL3)散点图，保证在右上和右下象限内没有颗粒。如果有颗粒出现在右侧象限则说明有荧光渗漏；此时 PI 的荧光被 FL1 PMT 检测到了。为了纠正这种现象，增加 FL2(或 FL3)漏到 FL1 荧光的补偿(这可能在 15%～25%之间)。如果这个调节没有有效地去除 FL1 的阳性信号，此时要降低 FL1 PMT 的电压。

如果在以上调节补偿过程中更改了 PMT 的电压，建议重复(3)、(4)步骤，确保不引起过度荧光补偿。过度补偿可以从阳性细胞十分贴近从标这一现象观察出来。一个恰当的补偿应该是阳性细胞荧光强度与落在左下 Log 1 为边界象限中间阴性细胞的荧光强度一致。

(5)根据未处理细胞或对照细胞经 Annexin V 和 PI 染色后在流式细胞上分析的结果来设定十字门的位置，FL1 和 FL2(或 FL3)的划定方法如下：

①设定 FL1 标尺位置。处于左下象限内的大群细胞是 Annexin V-细胞(一般这些细胞会在 FL1 轴方向上升至 2 个对数坐标值)。将垂直的 FL1 标尺设定在紧靠 Annexin V-性群体右侧 0.1～0.2Log 单位的地方。

②设定 FL2(或 FL3)标尺位置。可以通过一定数据的双阳性细胞来区分 PI^+ 和 PI^- 的细胞群体。在此条件下可能会识别出两群细胞，一是位于散点图的右下方(Annexin V^+/PI^-)还有就是右上方(Annexin V^+/PI^+)。水平线可以置于这两群细胞的中间。如果在分析的细胞群体中没有 PI^+ 细胞，区分 PI^+ 细胞最好是参照双阴性细胞群体，将水平线设在双阴性细胞以上0.1～0.3 Log 单位的地方。

(6)经处理过的细胞此时可以用 Annexin V 和 PI 染色后在流式细胞仪上分析。那些在阴性群体门以外的细胞为 Annexin V 或 Annexin V 和 PI 阳性的细胞。

三、实验案例

流式细胞术测量细胞凋亡水平如图 14-2 所示。

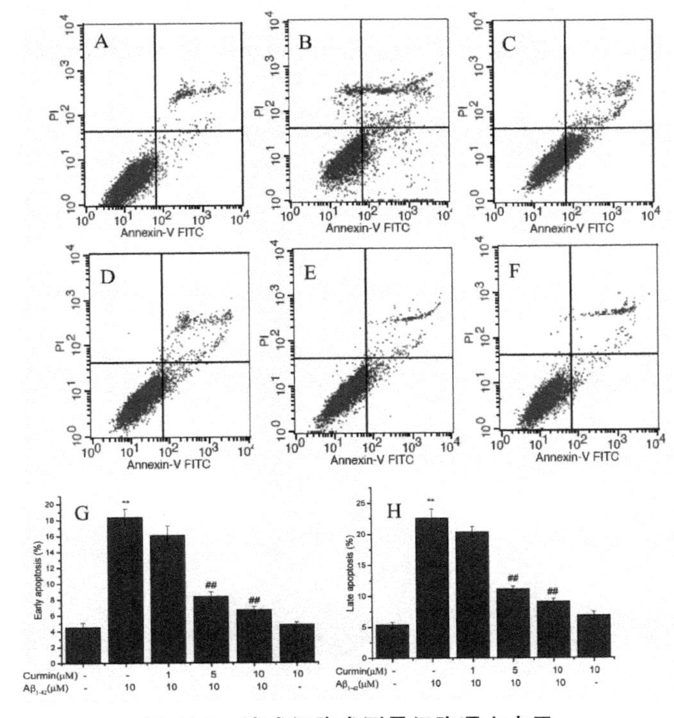

图 14-2 流式细胞术测量细胞凋亡水平

(图片来源于陆书彦，黄汉昌等. 中国药理学与毒理学杂志，2017)

与正常对照组相比，$A\beta_{1-42}$损伤组细胞早期和晚期凋亡率均明显升高，呈现极显著性差异（$P<0.01$，$P<0.01$），说明$A\beta_{1-42}$处理12h后导致细胞凋亡的发生；与$A\beta_{1-42}$损伤组相比，5μmol/L和10μmol/L姜黄素保护细胞早期和晚期凋亡率均呈现极显著降低（$P<0.01$，$P<0.01$），说明5μmol/L和10μmol/L姜黄素保护细胞后降低了$A\beta_{1-42}$诱导的细胞凋亡水平。

四、实验注意事项

（1）保证细胞的状态，避免出现过多的死亡细胞；整个操作动作要尽量轻柔，勿用力吹打细胞，以免出现机械性细胞死亡。

（2）注意胰酶过度消化可损伤细胞。在消化时可加2%的BSA防止过度消化。如果用含EDTA的胰酶消化时，注意必须彻底清除EDTA。

（3）操作时注意避光，反应完毕后尽快在1h内检测。

第十五章 DNA损伤分析方法和技术

细胞凋亡的一个显著特点是细胞染色体DNA的降解，染色体DNA的断裂是个渐进的分阶段的过程，首先内源性的核酸水解酶降解染色体DNA为50～300kb的大片段，然后核酸内切酶在核小体与核小体的连接部位切断染色体DNA，产生约为180～200bp整倍数的DNA梯状（Ladder）条带片段。另外，细胞在内外环境作用下，如环境辐射、一些细胞内毒素等，容易造成DNA的损伤，严重的DNA损伤会导致细胞突变或细胞凋亡的发生。基因组DNA的断裂损伤不能单独作为细胞凋亡的判断方法，而基因组DNA琼脂糖凝胶电泳检测梯状条带则是判断细胞凋亡的重要标准。

本章介绍了一些分析基因组DNA完整性的原理、检测方法和技术。

第一节 检测原理

细胞DNA复制过程的错误会导致DNA核苷酸序列永久性改变。另外，细胞在外界生物、物理、化学损害因子（如辐射、化学药剂）作用下可能会导致DNA直接或间接的DNA损伤。环境辐射会导致DNA的直接损伤，比如：紫外辐射会导致DNA胸腺嘧啶碱基（T）二聚化，而γ射线甚至会导致DNA双键的断裂。DNA损伤修复的失败会导致遗传特征改变，而这种遗传特征改变可能导致个体适应新的生存环境或者导致不适应环境的畸形个体的发生，甚至细胞/个体的死亡。

细胞在特定的内环境或外环境应激条件下可能会引发细胞凋亡信号，导致 Caspases 酶活性的升高，引发 DNA 的片段化，最终导致细胞的凋亡。一般而言，细胞核 DNA 的片段化是细胞晚期事件。细胞凋亡中染色体 DNA 的断裂是一个渐进的分阶段过程，染色体 DNA 首先在内源性的核酸水解酶的作用下降解为 50～300kb的大片段，然后大约有 30%的染色体 DNA 在 Ca^{2+} 和 Mg^{2+}依赖的核酸内切酶作用下，在核小体单位之间被随机切断，形成 180～200bp 核小体 DNA。

根据 DNA 损伤来源的不同，DNA 损伤检测的目的和意义也不同。有些 DNA 损伤可能是细胞凋亡的诱发因素，有些是细胞凋亡的结果事件。

对于细胞在内环境或外环境应激条件下 DNA 复制错误造成的 DNA 碱基突变或者核酸序列改变的检测，这里不作深入讨论。主要讨论在 DNA 大分子链完整性方面的检测。DNA 损伤（DNA 大分子链完整性）的检测方法有很多，根据其原理大致可以分为三类：基于染色质 DNA 在亚细胞定位改变，检测细胞有丝分裂器或者染色体（DNA）断裂损伤；基于 DNA 双链或者单链断裂后理化性质改变，检测 DNA 双螺旋链损伤；基于 DNA 被水解酶酶解后破坏了 DNA 的完整性并产生 DNA 片段来检测 DNA 损伤以反映细胞凋亡水平。

一、微核检测试验

微核（Micronucleus，MCN），也叫卫星核，是真核类生物细胞中的一种异常结构，是染色体畸变在间期细胞中的一种表现形式。一般地，微核是由染色体或有丝分裂器的损伤而导致的。一方面，染色体发生断裂后无着丝粒的染色体片段在亲代细胞进入下一次分裂时，染色体片段不能随有丝分裂进入子细胞，而在子代细胞浆中形成微核。另一方面，因纺锤体受损而丢失的整个染色体，在细胞分裂后期也仍留在子细胞的胞质内成为微核。

微核位于细胞浆中，呈圆形或椭圆形，其嗜色与主核一致，但染色比主核淡，其直径小于主核（一般认为微核的大小应为主核的1/3以下）。

微核主要由外界生物、物理、化学损害因子（如辐射、化学药剂）对分裂细胞作用而产生的，这些损害因素导致细胞染色体丢失或断裂，从而在细胞浆中形成1个或数个微核。微核率的大小是与损害因子的剂量或辐射累积效应呈正相关，这一点与染色体畸变的情况一样。

20世纪70年代初，B. Matter和W. Schmid首先用啮齿类动物骨髓细胞微核率来测定疑有诱变活力的化合物，建立了微核检测试验（Micronucleus Test）。此后，微核测定逐渐从动物和人扩展到植物领域。目前，微核测试已经应用于辐射损伤、辐射防护、化学诱变剂、新药试验、食品添加剂的安全评价，以及染色体遗传疾病和癌症前期诊断等各个方面。

微核实质上是孤立畸变染色体在间期的存在形式。体内细胞或体外培养的细胞均可通过微核试验检测染色体或有丝分裂器的损伤，染色体的损伤间接地反映DNA的损伤。

动物体内细胞微核试验主要有骨髓嗜多染红细胞微核试验和外周血淋巴细胞微核试验。

嗜多染红细胞是分裂后期的红细胞由幼年发展为成熟红细胞的一个阶段，此时红细胞的主核已排出，因胞质内含有核糖体，Giemsa染色呈灰蓝色；成熟红细胞的核糖体已消失，如果存在微核则被Giemsa染料染成淡橘红色。骨髓中嗜多染红细胞数量充足，由于无核，极易观察到微核，因此，骨髓中嗜多染红细胞成为微核试验的首选细胞群。

动物体内微核试验能比较客观地反映损害因子对染色体的损伤作用。微核试验技术的种类很多，包括常规微核试验、细胞分裂阻滞微核分析法、荧光原位杂交试验、DNA探针、抗着丝粒抗体染色等方法。

二、彗星实验

彗星实验(Comet Assay)又称单细胞凝胶电泳(Single Cell Gel Eletrophoresis,SCGE)实验,是由 Ostling 等于 1984 年首次提出的一种通过检测 DNA 链损伤来判别遗传毒性的技术。彗星电泳实验检测 DNA 损伤法的原理为,将单个细胞悬浮于琼脂糖凝胶中,经裂解处理后,再在电场中进行短时间的电泳,并用荧光染料染色,凋亡细胞中形成的 DNA 降解片段,使细胞核呈现出一种彗星式的图像,通过彗星式的图像的形成及大小从而确认细胞损伤及其程度。

与微核试验不同,彗星实验直接检测了 DNA 双链的损伤情况。根据对超螺旋 DNA 释放程度的不同,彗星实验能有效地检测并定量分析细胞中 DNA 单、双链缺口损伤的程度。中性单细胞凝胶电泳技术可以检测 DNA 双链断裂情况,而碱性单细胞凝胶电泳技术可以检测 DNA 单链及双链断裂情况。

细胞核中的 DNA 为很致密的负超螺旋结构,DNA 双链以组蛋白为核心,盘旋而形成核小体。一般情况下,偶然的 DNA 单链断裂对核酸分子双股结构的连续性影响不大,而且断裂的单链处于超螺旋结构中也不易释放出来。但是,如果用去污剂破坏细胞膜和核膜,用高浓度盐提取组蛋白,残留下的 DNA 而形成类核。如果类核中的 DNA 有断裂点则会引起 DNA 致密超螺旋结构的松散。将类核置于电场中电泳,DNA 断片从类核部位向阳极迁移比完整 DNA 分子慢,经荧光染色后,在类核外形成一个似彗星特征性的 DNA 晕圈,故称“彗星试验”。彗星尾部即为迁移出类核的 DNA 片段,DNA 损伤越严重,导致 DNA 超螺旋结构越松散,产生的断裂点越多。

电泳实验中,DNA 在琼脂糖空间载体中进行。琼脂糖凝胶将有核细胞包埋在载玻片上,细胞膜、核膜及其他生物膜被裂解液破坏,细胞内的 RNA、蛋白质及其他成分进入凝胶,继而扩散到裂解液中，由于细胞的 DNA 相对分子质量很大，核 DNA 仍保持缠绕状态附着在核骨架上而留在原位。如果 DNA 未受损伤，在碱性电泳过程中核 DNA 因其相对分子质量大且完整而停留在核基质中，经荧光染色后呈现圆形的荧光团，无拖尾现象。

当内源性和外源性损伤因子诱发细胞 DNA 链断裂时，其超螺旋结构受到破坏，在碱性电泳液（pH＞13）中，DNA 双链解螺旋为单链。在电泳过程中带负电荷的断链或碎片化 DNA 会离开核 DNA 向正极迁移形成"彗星"状拖尾图像。细胞核 DNA 损伤愈重，产生的断链或碱易变性 DNA 片段就愈多且 DNA 相对分子质量越小；在相同的电泳条件下，迁移的 DNA 量也愈多、迁移的距离也愈长，荧光染色后表现为尾长增加和尾部荧光强度增强。通过测量彗星尾部的长度、面积或荧光强度等指标，可以对 DNA 的损伤程度进行定量分析。

通过测定在碱性凝胶电泳场中的核 DNA 迁移光密度或迁移长度可以定量测定单个细胞 DNA 损伤程度，从而确定受试物的作用剂量与 DNA 损伤效应的关系。该法检测低浓度遗传毒物具有高灵敏性，研究的细胞不需处于有丝分裂期。

三、TUNEL 法实验

TUNEL 法实验是检测细胞晚期凋亡常用方法。

细胞凋亡晚期，内源性核酸内切酶作用于 DNA 双链，导致高相对分子质量的 DNA 片段或 180～200bp 整倍数的片段生成，在琼脂糖凝胶电泳中呈梯状（Ladder Pattern）条带，这是判断凋亡发生的客观指标之一。DNA 断裂后产生的 3′-OH 末端可被一些化合物标记。

基因组 DNA 断裂时，暴露的 3′-OH 可以在末端脱氧核苷酸转移酶（Terminal Deoxynucleotidyl Transferase，TdT）的催化下加上荧光素（FITC）标记的 dUTP（Fluorescein-dUTP）或生物素（Biotin）标记的 dUTP（Biotin-dUTP），从而可以通过荧光显微镜

或流式细胞仪进行检测，或者与辣根过氧化物酶(HRP)标记的链霉亲和素(Streptavidin-HRP)结合，最后在HRP的催化下通过DAB显色来显示凋亡细胞，从而可以通过普通光学显微镜检测到凋亡的细胞。

TUNEL法实际上是分子生物学与形态学相结合的研究方法，对完整的单个凋亡细胞核或凋亡小体进行原位染色，能准确地反映细胞凋亡最典型的生物化学和形态特征，可用于石蜡包埋组织切片、冰冻组织切片、培养的细胞和从组织中分离的细胞的细胞凋亡测定，并可检测出极少量的凋亡细胞，灵敏度远比一般的组织化学和生物化学测定法要高，因而在细胞凋亡的研究中已被广泛采用。

四、PI染色-流式细胞术实验

细胞凋亡晚期片段化DNA含量升高，片段化DNA的水平可以作为细胞晚期凋亡的表征指标。

溴化吡啶(PI)不能够穿透活细胞膜而被排斥在细胞外面，但它能穿透正在死亡或已经死亡的细胞的细胞膜而进入细胞内，进入细胞后，PI能够与双链DNA/RNA螺旋的大沟部位结合。一般来说，可以在荧光显微镜下观察细胞核PI染色来初步判断细胞凋亡状态，如果产生核固缩(如细胞核经PI染色成密实的半月或圆形)就初步判定为细胞凋亡。

对于被对聚甲醛等固定化的细胞，细胞已经处于死亡状态，则不论固定前细胞是处于正常活性胞还是凋亡或死亡状态，固定化细胞均能被PI染色(标记)。

细胞内的DNA含量随细胞周期进程发生周期性变化，如G0/G1期的DNA含量为$2n$，而G2期的DNA含量是$4n$。利用PI标记的方法，通过流式细胞仪对细胞内DNA的相对含量进行测定，可分析细胞周期各时段的百分比。对于凋亡细胞，在细胞凋亡晚期，基因组DNA发生断裂现象，因此在流式细胞计数中，在 DNA 二倍体 PI 峰前会产生弥散性的 DNA 小峰。据此峰出现的峰强度可以判断细胞晚期凋亡的发生程度。

五、琼脂糖凝胶电泳法检测基因组 DNA 片段

琼脂糖凝胶电泳检测细胞凋亡的方法是基于细胞凋亡时染色体从核小体间裂断形成由大约为 180～200bp 或其多聚体组成的寡核苷酸片段的一种方法。通过将这些 DNA 片段从细胞中提取出来进行琼脂糖凝胶电泳，UV 灯下观察可见特征性的“梯状(Ladder)”带。“梯状”带的出现可以说被检测样本中有细胞凋亡的存在。

DNA 片段化检测梯状 DNA 条带的优点：经典的检测细胞凋亡的指标，是细胞凋亡的特异性指标直接检测；缺点：虽然 DNA 凝胶电泳特异性高，但是灵敏度低，不适于检测凋亡初期 DNA 轻微损伤的检测。

第二节　实验方案

实验一、小鼠骨髓嗜多染红细胞微核/外周血淋巴细胞微核试验

嗜多染红细胞是分裂后期的红细胞由幼年发展为成熟红细胞的一个阶段，此时红细胞的主核已被排出，因胞质内含有核糖体，Giemsa 染色呈灰蓝色，成熟红细胞的核糖体已消失，被染成淡橘红色。骨髓中嗜多染红细胞数量充足，由于无核，极易观察到微核，因此，骨髓中嗜多染红细胞成为微核试验的首选细胞群。

外周血淋巴细胞(Peripheral Blood Lymphocyte)简称 PBL，主要是血液循环中的淋巴细胞，由 T 细胞(占 70%～80%)和 B 细胞(占 20%～30%)组成。在形成成熟淋巴细胞前的细胞分裂

过程中，由于化学物质或辐射作用影响，可以引起淋巴母细胞染色体损伤，致使染色体断裂，无着丝粒的染色体断片不能随染色体移动进入子细胞核，结果在细胞质中形成微核。因此外周血淋巴细胞微核实验也是一种有害因子遗传毒性的测试方法，通过检测受试物对体外培养的淋巴细胞或者体内外周血淋巴细胞微核的形成情况来评价受试物的遗传毒性。

(一)实验材料

1. 器材

显微镜，低速离心机，电子天平，解剖器械（搪瓷解剖盘，探针，手术剪刀，镊子），干净纱布，注射器，试管，试管架，磨口试剂瓶，滴管，染色缸，洗耳球，量筒，清洁载玻片。

2. 试剂

0.9%生理盐水，灭活的小牛血清，环磷酰胺，甲醇，PBS（pH值=6.8），Giemsa 染液，环磷酰胺。

(二)实验方法

1. 动物处理

(1)动物选择：一般选用大鼠或者小鼠，小鼠最常用，18～20g，每组 10 只，雌雄各半。

(2)染毒途径：根据研究目的或受试物性质不同，原则上可尽量采用人类接触受试物的途径，诸如采用灌胃法和腹腔注射。

(3)染毒次数：多次染毒法（每天染毒 1 次，连续 4d，第 5d 取样）或 2 次染毒法（处死前 30h+处死前 6h）。

(4)剂量及对照选择：据受试物的 LD_{50}，以 1/2 LD_{50} 为最高剂量组，下设 3～4 个剂量组。同时设立阳性（环磷酰胺）和阴性对照（溶剂组）。环磷酰胺处理：取骨髓前 24h 先给小鼠腹腔注入环磷酰胺，注射剂量为 100mg/kg 动物体重。

2. 取骨髓及涂片

最后一次染毒后，在确定时间脱颈椎处死动物，迅速剪取其胸骨，剔去肌肉，用干净纱布擦拭，剪去每节骨骺端，然后用注射器吸取 5mL 生理盐水，插入股骨一端，将骨髓细胞冲洗至 10mL 的离心管中。

将所获得的细胞悬浮液以 100×g 离心 10min，吸去上清液，在沉淀物中加入 2 滴灭活的小牛血清，制成细胞悬液。滴一滴悬液于载玻片一端，混匀后推片，长度为 2～3cm，在空气中晾干。将晾干的载玻片放入甲醇固定液中 15min，取出晾干。

3. 采血及涂片

按外周血染色体培养常规方法采取小鼠血液，接种，按组分分别加入受试物（环磷酰胺 100μg/mL）培养 72h，收获前不用加秋水仙素，收获标本，100g 离心，丢弃上清液。

加入 0.075mol/L KCl 溶液，混匀后放入 37℃恒温水浴箱中低渗处理 10min。低渗透时间可以根据预实验中细胞的完整程度进行调整。

低渗处理技术后加入甲醇-冰乙酸（3∶1）固定液，混匀后 100×g 离心 5min。弃上清液，加入固定液，混合均匀后 100×g 离心 5min，弃上清液沉淀物。加入少量固定液混匀成细胞悬浮液，滴一滴悬液于载玻片一端，混匀后推片。

4. 染色

将制片平放在玻璃板上，Giemsa 液染色 15min，流水冲洗染色液，晾干。

5. 镜检观察计数

先由低倍镜到高倍镜粗检，选择细胞分布均匀、疏密适度、形态完整、染色良好的区域，然后再在高倍镜下按一定顺序进行微核观察和计数。

骨髓嗜多染红细胞和微核判断：骨髓嗜多染红细胞呈灰蓝色、成熟红细胞呈橘黄色。微核多数为圆形，边缘整齐，嗜色性与核质一致，呈紫红色或蓝紫色。一个细胞中不论出现一个或者多个微核，均按一个有微核的细胞计数。

6. 外周血淋巴细胞微核判断

转化淋巴细胞与未转化淋巴细胞比较，前者细胞较大，胞核明显偏离中心，染色质较细致疏松或者呈网状、核仁多，胞浆丰富，常见空泡和伪足。微核是存在于已经转化的细胞浆完整的淋巴细胞中的小核，嗜色性和主核一致或者略浅，必须与主核完全分离。一个细胞中不论出现一个或者多个微核，均按一个有微核的细胞计数。

(三)实验案例

小鼠骨髓嗜多染红细胞微核和外周血淋巴细胞微核试验如图 15-1 所示。

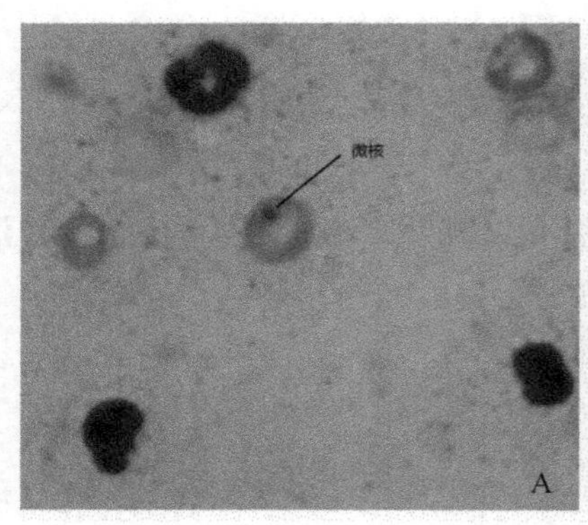

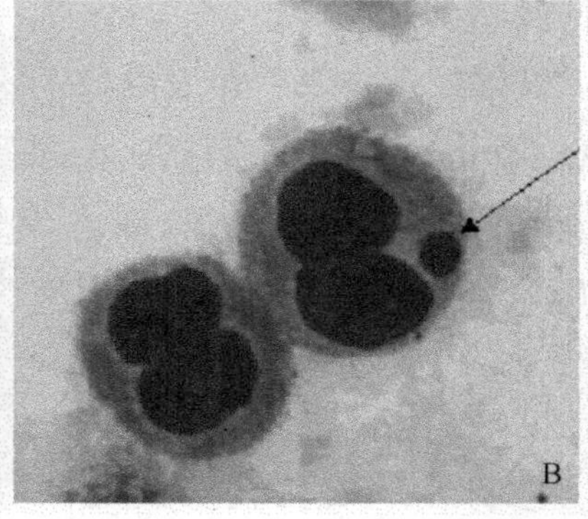

图 15-1　小鼠骨髓嗜多染红细胞微核和外周血淋巴细胞微核试验

箭头指向为微核；A：成熟红细胞中的微核；B：转化的淋巴细胞中的微核

(四)注意事项

(1)防止小牛血清污染。

(2)胸骨须擦拭干净,以免影响结果。

(3)涂片不要过厚或过薄。

(4)注意微核与颗粒异物的区分,骨髓嗜多染红细胞与其他骨髓细胞不同阶段血细胞区分,转化淋巴细胞与未转化淋巴细胞。

实验二、单细胞凝胶电泳实验

单细胞凝胶电泳(又名彗星实验)的操作流程主要包括单细胞悬液的制备、凝胶板制备、细胞裂解与解旋、凝胶电泳与中和、染色和观察等步骤。

(一)实验材料

10mmol/L PBS(pH值=7.3)、0.8%正常熔点凝胶(PBS配制)、0.6%低熔点凝胶(PBS配制)、毛玻璃片、盖玻片、碱性裂解液(2.5mol/L NaCl;100mmol/L Na_2EDTA;10mmol/L Tris;1%肌氨酸钠)、Triton X-100、二甲基亚砜(DMSO)、电泳缓冲液(1mmol/L Na_2EDTA;300mmol/L NaOH;Tris-HCl,pH值=7.5)、溴化乙锭EB(2μg/mL)或者Goldview,或也可以采用SYBR Green Ⅰ染料。

(二)实验方法

1.分离制备单细胞悬液

(1)体外培养的细胞株:用胰酶消化,最后用PBS悬浮吹打成单细胞悬液,细胞计数。

(2)体内脏器细胞:处死动物,取出脏器,于Hanks′液中制备成单个细胞悬液。

2. 胶板制备

(1)制备第一层胶：取 100μL 于 45℃水浴中保温的 0.8%正常熔点琼脂糖，铺于磨沙载玻片上，形成底胶。盖玻片推匀，不能有气泡，4℃凝固 5～8min。

(2)制备第二层胶：取 100μL 于 37℃水浴中保温的 0.6%低熔点琼脂糖与 20μL 细胞悬液(约 400 个细胞)混匀；水平取下盖片，将凝胶细胞悬浮液滴加到第一层胶上，立即铺片，加上盖玻片，4℃凝固 5～10min。

3. 细胞裂解与电泳

(1)去掉盖玻片，将凝胶浸入 4℃预冷的碱性裂解液中(临用前加 10% DMSO，1%Triton X-100)，4℃裂解 1～2h。

(2)取出玻片，用 PBS 缓冲液漂洗 3 次后置于水平电泳槽内，加入 pH 值=13 的电泳缓冲液裂解螺旋 20min(液体没过玻片)。

(3)玻片水平放置阳极端附近，4℃电泳 20～25min(25V 或者 300mA)。可在电泳槽周围加冰块以保持低温。

4. 中和与染色

(1)电泳结束，用 PBS 或 Tris-HCl，pH 值=7.5 漂洗 3 次，每次 3min，晾干。

(2)胶上滴加 3μL EB，加上盖玻片，闭光染色 5～10min。

(3)蒸馏水漂洗 2 次，每次 5min。稍晾干，滤纸吸去多余水分，尽快在荧光显微镜下观察。

(三)实验案例

彗星电泳实验结果如图 15-2 所示。

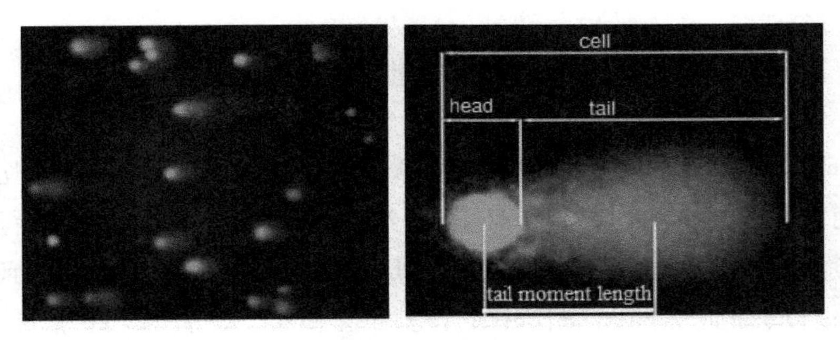

图 15-2　彗星电泳实验结果

一个典型的单细胞凝胶电泳的结果在经过荧光染色后，可见到这样的图像：

核头（Head）：就是细胞核的部分。

核尾（Tail）：片段化的 DNA，在直流电场下，向阳极移动，呈现一个拖尾彗星状图像。

尾矩：（Tail Moment Length）：从细胞核的中心到彗尾的中心。

（四）注意事项

（1）细胞一定要消化成单个的，如果你养的细胞是悬浮生长的，或者形状是圆形的（例如 Hela），可以直接用细胞刮收集细胞，否则，如果细胞是非圆形的，例如成纤维细胞等，要用胰酶消化，使之成圆形，然后才可做实验。

（2）电泳时，电流与电压强度在每次实验时要恒定（例如：20 V，200 mA 恒定），这样出来的慧尾才有分析价值，否则你不知道分析因素的差异是由电泳条件的改变引起的还是细胞处理不同引起的。

（3）盖玻片最好两面都涂上剥离硅烷（挺便宜的一大瓶，但是有毒），这样会减少掉胶的现象。

（4）裂解液是整个实验中最关键的因素，裂解液最终使用时必须是澄清没有任何沉淀。

（5）操作过程要在黄光或暗室中操作，避免引起额外的 DNA 损伤。

实验三、TUNEL法测定DNA损伤

细胞在发生凋亡时，一些DNA内切酶会被激活，这些内切酶会切断核小体间的基因组DNA。细胞凋亡时抽提DNA进行电泳检测，可以发现180～200bp的DNA Ladder。另外，在受到环境辐射或细胞毒性药物作用下，基因组DNA断裂时，暴露的3'-OH可以在末端脱氧核苷酸转移酶（Terminal Deoxynucleotidyl Transferase，TdT）的催化下加上荧光素（FITC）或辣根过氧化酶标记的dUTP（Fluorescein-dUTP），从而可以通过荧光显微镜或流式细胞仪进行检测断裂的DNA。

（一）实验材料

PBS缓冲液或者Hank's平衡盐溶液（HBSS），卡诺氏固定液（Carnoy Fixative），蛋白酶K，TUNEL检测试剂盒（含Tdt酶，荧光标记液和TUNEL检测液），培养的细胞或者组织切片，荧光显微镜。

（二）实验方法

1. 对于贴壁细胞或细胞涂片

（1）用PBS或HBSS洗涤1次。
（2）用4%多聚甲醛或10%甲醛固定剂固定细胞。
（3）用PBS或HBSS洗涤1次。
（4）加入含0.1% Triton X-100的PBS，冰浴孵育2min。

2. 对于悬浮细胞或细胞悬液

（1）100×g离心收集细胞（不超过200万细胞），PBS或HBSS洗涤1次。

（2）用卡诺氏固定液固定细胞30～60min。为防止细胞聚集成团，宜在侧摆摇床或水平摇床上缓慢摇动的同时进行固定。

(3)用 PBS 或 HBSS 洗涤 1 次。

(4)用含 0.1% Triton X-100 的 PBS 重悬细胞,冰浴孵育 2 min。

3. 对于石蜡切片

(1)在二甲苯中脱蜡 5～10min。换用新鲜的二甲苯,再脱蜡 5～10min。无水乙醇 5min,90%乙醇 2min,70%乙醇 2min,蒸馏水 2min。

(2)滴加 20μg/mL 不含 DNase 的蛋白酶 K,20℃～37℃作用 15～30min。

(3)用 PBS 或 HBSS 洗涤 3 次。

4. 配制 TUNEL 检测液

参考表 15-1 配制适当量的 TUNEL 检测液,需充分混匀。

表 15-1 TUNEL 检测液的配制

	1 个样品	5 个样品	10 个样品
TdT 酶	2μL	10μL	20μL
荧光标记液	48μL	240μL	480μL
TUNEL 检测液	50μL	250μL	500μL

5. 探针孵育

(1)对于贴壁细胞、细胞涂片或组织切片。

①用 PBS 或 HBSS 洗涤 2 次。

②在样品上加 50μL TUNEL 检测液,37℃避光孵育 60 min。注意:孵育时需注意在周围用浸足水的纸或药棉等保持湿润,以尽量减少 TUNEL 检测液的蒸发。

③用 PBS 或 HBSS 洗涤 3 次。

④用抗荧光淬灭封片液封片后荧光显微镜下观察。可以使用的激发波长范围为 450～500nm,发射波长范围为 515～565nm(绿色荧光)。

(2)对于悬浮细胞或细胞悬液。

①用 PBS 或 HBSS 洗涤 2 次。

②加入 50μL TUNEL 检测液,37℃避光孵育 60min。

③用 PBS 或 HBSS 洗涤 2min。

④用 250～500μL PBS 或 HBSS 悬浮。

⑤此时可以用流式细胞仪进行检测或涂片后在荧光显微镜下观察。可以使用的激发波长范围为 450～500nm,发射波长范围为 515～565nm(绿色荧光)。

(三)实验案例

TUNEL 实验检测 DNA 损伤实验结果如图 15-3 所示。

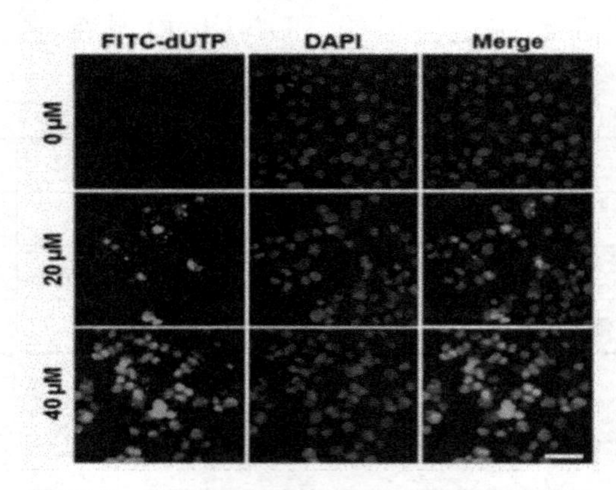

图 15-3　TUNEL 实验检测 DNA 损伤实验结果

(图片来源于 Ding Y,et. al. Int J Mol Sci,2016,标尺为 100μm)

土木香内酯(Alantolactone,ALT)处理人结肠癌 SW480 细胞 24h 后,ALT 的剂量依赖性地增加了 TUNEL 染色性,意味着 ALT 处理细胞后导致 DNA 片段化水平的升高,细胞凋亡水平的增加。

(四)注意事项

(1)配制好的 TUNEL 检测液必须一次使用完毕,不能冻存。

(2)必须把蛋白酶 K 洗涤干净,否则会严重干扰后续的标记反应。

实验四、PI染色-流式细胞术测定DNA损伤

细胞凋亡的过程中，在激活的核酸内切酶的作用下，基因组DNA在内源性的核酸水解酶的作用下降解为50～300kb的大片段，然后进一步在核酸内切酶作用下断裂为180～200bp整倍数的DNA梯状(Ladder)条带片段。有些DNA片段以凋亡小体的形式脱离了发生凋亡的细胞，因此有些凋亡细胞DNA会出现小于二倍体现象。DNA经PI染色后，凋亡细胞在流式细胞仪中在二倍体峰前会出现二倍体亚峰，因此可以通过DNA二倍体亚峰的出现初步判断细胞凋亡的发生。

(一)实验材料

PBS溶液(pH值=7.4)，PI染液(将PI溶于PBS中，终浓度为100μg/mL，用棕色瓶4℃避光保存)，70%乙醇，RNaseA(1mg/mL)，400目筛网，流式细胞仪。

(二)实验方法

(1)收集约1～5×10⁶个/mL细胞，100×g离心5min，弃去培养液。

(2)用3mL PBS洗涤1次。

(3)100×g离心，丢弃PBS。加入500μL PBS，轻轻重悬细胞，使细胞分离为单个，逐滴加入预冷的100%乙醇(－20℃)1.5mL，使其终浓度为75%，4℃过夜固定。

(4)离心弃去固定液，3mL PBS重悬5min。

(5)400目的筛网过滤1次，100×g离心5min，丢弃PBS。

(6)加入10μL RNase A 37℃孵育30min，降解RNA，排除RNA干扰。

(7)用1mL PI染液4℃避光染色细胞1～2h。

(8)流式细胞仪检测PI荧光：PI用氩离子激发荧光，激发光波波长为488nm，发射光波波长大于630nm，产生红色荧光分析PI荧

光强度的直方图也可分析前散射光对侧散射光的散点图。

结果判断：在前散射光对侧散射光的散点图或地形图上，凋亡细胞与正常细胞相比，前散射光降低，而侧散射光可高可低，与细胞的类型有关；在分析 PI 荧光的直方图时，先用门技术排除成双或聚集的细胞以及发微弱荧光的细胞碎片，在 PI 荧光的直方图上，凋亡细胞在 G1/G0 期前出现亚二倍体峰。

（三）实验案例

PI 单染流式细胞术实验结果如图 15-4 所示。

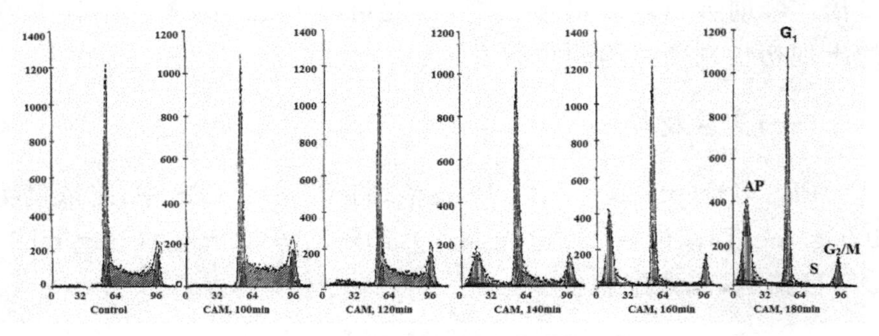

图 15-4　PI 单染流式细胞术实验结果

（图片来源于 Hotz MA, et. al Cytometry, 1994）

未处理细胞（Control）及 DNA 拓扑异构酶抑制剂喜树碱（camptothecin, CAM）处理人原髓细胞白血病细胞（HL-60）100～180min 后，细胞 DNA 含量分布。未处理细胞只显示 G2/M 期、合成期（S）和 G1 期峰；而随着 CAM 处理时间的增加，G2/M 期和合成期（S）峰减少，片段化 DNA 峰（Ap）含量上升。

正常细胞的细胞数-PI 荧光强度如图 15-5 所示。

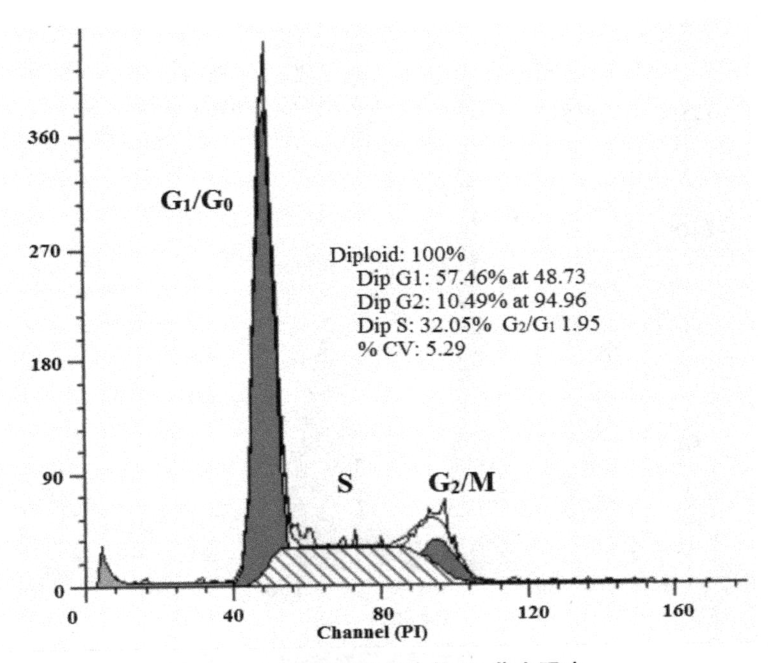

图 15-5 正常细胞的细胞数-PI 荧光强度

横坐标表示荧光强度，纵坐标表示细胞数量。图中我们看到 Dip G1：57.46 % 在 48.73，表示 G1/G0 期的细胞占总细胞的 57.46%，荧光强度在 48.73；Dip G2：10.49 %在 94.96 同理表示：G2/M 期的细胞占总细胞的 10.49%，荧光强度在 94.96；二者之间荧光强度的比 94.96/ 48.73 约等于 2，这就是说 G2/M 期 DNA 含量为 G1/G0 期的 2 倍。S 期所占百分比为 32.05。在肿瘤病理学中，通常以细胞增殖指数来判断肿瘤增殖状态，细胞增殖指数是指 S 期和 G2/M 期细胞之和占总细胞数的百分比，它反映细胞的增殖能力。

凋亡细胞细胞数-PI 荧光强度如图 15-6 所示。

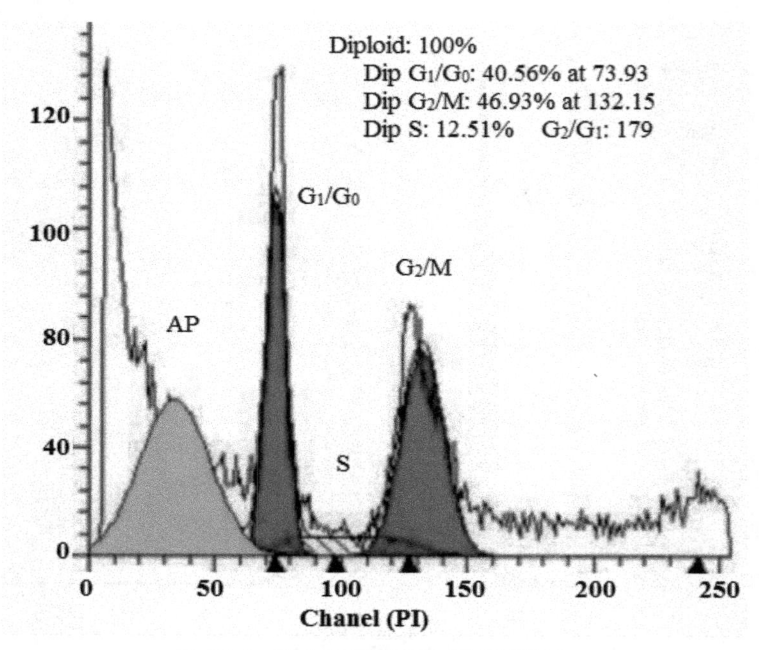

图 15-6　凋亡细胞细胞数-PI 荧光强度

可以看到在 G0/G1 期峰(荧光强度峰值在 73.93)前出现了亚二倍体峰(绿色),即为凋亡细胞峰(Ap),荧光强度峰值在 34.12,凋亡细胞占总细胞的 36.76%。

(四)注意事项

(1)收集细胞的时候动作尽量轻柔,以减少不必要的细胞损伤。

(2)细胞凋亡时,其 DNA 可染性降低被认为是凋亡细胞的标志之一,但这种 DNA 可染性降低也可能是因为 DNA 含量的降低,或者是因为 DNA 结构的改变使其与染料结合的能力发生改变所致。在分析结果时应该注意。

(3)固定细胞时,确保 PBS 悬浮细胞为单个,加入无水乙醇的时候要慢速,保证逐滴。

实验五、琼脂糖凝胶电泳法检测细胞凋亡

尽管对细胞凋亡的检测方法和手段越来越多，但是基于DNA片段化的检测依然在细胞凋亡的判断中具有重要地位。基因组DNA琼脂糖凝胶电泳检测梯状(Ladder)条带则是判断细胞凋亡的重要依据。

(一)实验材料

细胞核裂解液，RNase(溶于TE缓冲液中，10mg/mL)，TAE电泳缓冲液(1mmol/L EDTA，pH=8.0)，0.04mol/L Tris-乙酸，DNA上样缓冲液(0.25%，溴酚蓝，0.25%二甲苯青，30%甘油)，3.0mol/L乙酸钠，冰冻无水乙醇，100bp间隔DNA ladder，Tris平衡酚，三氯甲烷：异戊醇为24：1。

(二)实验方法

1.DNA提取

(1)离心：收集细胞(5×10^6个)1000r/min，离心5min，去上清液。

(2)PBS洗涤：PBS洗涤1次，1000r/min，离心5min，去上清液。

(3)裂解：加细胞核裂解液500μL重悬细胞，50℃水浴，3～5h，不时振摇或37℃过夜。

(4)酚抽提：加0.5mL平衡酚抽提液，上下颠倒几次混匀，6000r/min离心5min。

(5)三氯甲烷-异戊醇抽提：上清液移至另一个离心管，加0.5ml三氯甲烷-异戊醇抽提液，上下颠倒几次混匀，6000r/min，离心5min。

(6)无水乙醇沉淀：上清液移至另一个离心管，加50μL的

3mol/L 乙酸钠和 2mL 冷冻无水乙醇，上下颠倒几次混匀，可见絮状白色沉淀物。

(7)去上清液：置冰箱 5～10min，1200r/min 离心 10min 沉淀 DNA，去上清液，真空抽干或风扇吹干残存液体。

(8)加 TAE 缓冲液：加 50～100μL TAE 缓冲液，另加 5μL RNase，37℃水浴 30min。

2. 电泳凝胶的制备

根据所需浓度，称取一定量的琼脂糖(一般琼脂糖浓度在 1%～1.5%)放入三角烧瓶；加入 100mL TAE 电泳缓冲液，加入 5μg/L 的溴化乙锭核酸染料。

3. 电泳

取 20μL 加上样缓冲液和 2～5μL 上样，1%琼脂糖凝胶电泳(电压 50V，1.5～2h)，UV 下观察。

(三)实验案例

正常活细胞 DNA 显示基因组条带位于加样孔附近，坏死细胞由于 DNA 的不规则降解为一条连续的弥散状条带，凋亡细胞的 DNA 则因为 DNA 降解为 180bp 或其多聚体组成的寡核苷酸片断显“梯状”条带(如图 15-7 所示)。

体外原代培养的肝细胞用先用水飞蓟素(Silibinin，SB)预处理 2h，然后用 12.5μmol/L 赭曲霉毒素 A(Ochratoxin A，OTA)或者 200/20ng/mL 放线菌素 D(Actinomycin D，ActD)/TNF-α 或者 10mmol/L H_2O_2 或者 50000μJ/cm^2 紫外 UV-C(200～280nm)处理 24h。细胞核 DNA 琼脂糖凝胶电泳图显示细胞毒性因素(OTA、ActD、TNF-α、H_2O_2 及 UV-C 等)造成细胞核 DNA 梯状片段化，说明这些刺激因素诱导了细胞凋亡的发生，而抗氧化剂水飞蓟素抑制了这些刺激因素导致 DNA 梯状片段化发生，说明水飞蓟素抑制了这些因素诱导的细胞凋亡。

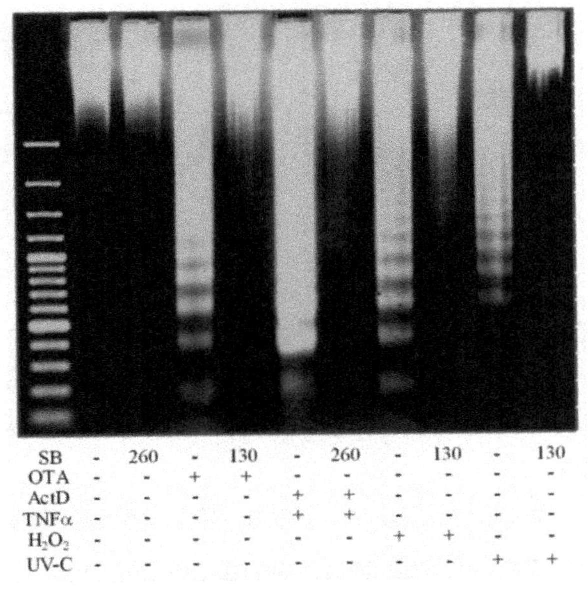

图 15-7 琼脂糖凝胶电泳法检测凋亡细胞 DNA 梯状分布

(图片来源于 Essid E,et. al. Toxins(Basel),2012)

(四)注意事项

电源接通前应该核实凝胶的方向是否放置正确。电泳仪有电压显示并不一定标志电泳槽已经接通,应该观察正、负极铂金丝是否有气泡出现,如正极的气泡比负极的气泡多一倍,则表示电泳槽已接通,几分钟后可见指示剂溴酚蓝向正极移动。根据指示剂迁移的位置,判断是否终止电泳,在用 50V 的电压电泳时,大约 2h 即可将梯状条带明显分开。电泳完毕后,切断电源,取出凝胶,在紫外灯下观察结果或拍照记录。

操作过程要避免 DNase 污染,以免造成 DNA 降解;样品混匀时,枪头口剪宽一些,以免造成 DNA 机械损伤断裂。

参考文献

[1]Degterev A, Huang Z, Boyce M, Li Y, Jagtap P, Mizushima N, et al. Chemical inhibitor of nonapoptotic cell death with therapeutic potential for ischemic brain injury[J]. Nat Chem Biol, 2005, 1(2): 112—9.

[2]Chen W, Zhou Z, Li L, Zhong CQ, Zheng X, Wu X, et al. Diverse sequence determinants control human and mouse receptor interacting protein 3(RIP3) and mixed lineage kinase domain-like (MLKL) interaction in necroptotic signaling[J]. J Biol Chem, 2013, 288(23): 16247—61.

[3]Chen X, Li W, Ren J, Huang D, He WT, Song Y, et al. Translocation of mixed lineage kinase domain-like protein to plasma membrane leads to necrotic cell death[J]. Cell Res, 2014, 24(1): 105—21.

[4]Kerr JF. Shrinkage necrosis: a distinct mode of cellular death[J]. J Pathol, 1971, 105(1): 13—20.

[5]Kerr JF. History of the events leading to the formulation of the apoptosis concept[J]. Toxicology, 2002, 181—182: 471—4.

[6]Fuchs Y and Steller H. Programmed cell death in animal development and disease[J]. Cell, 2011, 147(4): 742—58.

[7]Bradbury DA, Simmons TD, Slater KJ and Crouch SP. Measurement of the ADP: ATP ratio in human leukaemic cell lines can be used as an indicator of cell viability, necrosis and ap-

optosis[J]. J Immunol Methods,2000,240(1-2): 79—92.

[8]Vandenabeele P,Galluzzi L,Vanden Berghe T and Kroemer G. Molecular mechanisms of necroptosis: an ordered cellular explosion[J]. Nat Rev Mol Cell Biol,2010,11(10): 700—14.

[9]Zhang DW,Shao J,Lin J,Zhang N,Lu BJ,Lin SC,et al. RIP3, an energy metabolism regulator that switches TNF-induced cell death from apoptosis to necrosis[J]. Science, 2009, 325(5938): 332—6.

[10]He S, Wang L, Miao L, Wang T, Du F, Zhao L, et al. Receptor interacting protein kinase-3 determines cellular necrotic response to TNF-alpha[J]. Cell,2009,137(6): 1100—11.

[11]Hitomi J,Christofferson DE,Ng A,Yao J,Degterev A, Xavier RJ,et al. Identification of a molecular signaling network that regulates a cellular necrotic cell death pathway[J]. Cell, 2008,135(7): 1311—23.

[12]刘发全. 细胞坏死的研究近况[J]. 国外医学·生理、病理科学与临床分册,2003,23(6): 618—621.

[13]Elmore S. Apoptosis: A Review of Programmed Cell Death[J]. Toxicol Pathol,2007,35(4): 495—516.

[14]L O,Z S,S Z,FT W,TT Z,B L,et al. Programmed cell death pathways in cancer: a review of apoptosis, autophagy and programmed necrosis[J]. Cell Prolif,2012,45(6): 487—498.

[15]Ouyang L,Shi Z,Zhao S,Wang FT,Zhou TT,Liu B,et al. Programmed cell death pathways in cancer: a review of apoptosis,autophagy and programmed necrosis[J]. Cell Prolif,2012, 45(6): 487—98.

[16]Nikoletopoulou V,Markaki M,Palikaras K and Tavernarakis N. Crosstalk between apoptosis, necrosis and autophagy [J]. Biochim Biophys Acta,2013,1833(12): 3448—59.

[17]Trimarchi JR,Liu L,Smith PJ and Keefe DL. Noninva-

sive measurement of potassium efflux as an early indicator of cell death in mouse embryos[J]. Biol Reprod,2000,63(3):851—7.

[18]Poon IK,Chiu YH,Armstrong AJ,Kinchen JM,Juncadella IJ,Bayliss DA,et al. Unexpected link between an antibiotic,pannexin channels and apoptosis[J]. Nature,2014,507(7492):329—34.

[19]张士璀,王丽霞. 凋亡细胞的吞噬清除[J]. 中国海洋大学学报,2010,40(11):67—70.

[20]Qi XF,Kim DH,Lee KJ,Kim CS,Song SB,Cai DQ,et al. Autophagy contributes to apoptosis in A20 and EL4 lymphoma cells treated with fluvastatin[J]. Cancer Cell Int,2013,13(1):111.

[21]Jiang J,Zuo Y and Gu Z. Rapamycin protects the mitochondria against oxidative stress and apoptosis in a rat model of Parkinson's disease[J]. Int J Mol Med,2013,31(4):825—32.

[22]Chen WH,Xu XD,Luo GF,Jia HZ,Lei Q,Cheng SX,et al. Dual-targeting pro-apoptotic peptide for programmed cancer cell death via specific mitochondria damage[J]. Sci Rep,2013,3:3468.

[23]Kaim G and Dimroth P. ATP synthesis by F-type ATP synthase is obligatorily dependent on the transmembrane voltage[J]. EMBO J,1999,18(15):4118—27.

[24]Savitha S and Panneerselvam C. Mitochondrial membrane damage during aging process in rat heart: potential efficacy of L-carnitine and DL alpha lipoic acid[J]. Mech Ageing Dev,2006,127(4):349—55.

[25]Banerjee C,Singh A,Das TK,Raman R,Shrivastava A and Mazumder S. Ameliorating ER-stress attenuates Aeromonas hydrophila-induced mitochondrial dysfunctioning and caspase mediated HKM apoptosis in Clarias batrachus[J]. Sci Rep,2014,4:

5820.

[26]Liu X,Kim CN,Yang J,Jemmerson R and Wang X. Induction of apoptotic program in cell-free extracts: requirement for dATP and cytochrome c[J]. Cell,1996,86(1):147—57.

[27]Szegezdi E,Logue SE,Gorman AM and Samali A. Mediators of endoplasmic reticulum stress-induced apoptosis[J]. EMBO Rep,2006,7(9):880—5.

[28]Tabas I and Ron D. Integrating the mechanisms of apoptosis induced by endoplasmic reticulum stress[J]. Nat Cell Biol,2011,13(3):184—90.

[29]Takuma K,Yan SS,Stern DM and Yamada K. Mitochondrial dysfunction,endoplasmic reticulum stress,and apoptosis in Alzheimer's disease[J]. J Pharmacol Sci,2005,97(3):312—6.

[30]Jiang X,Jiang H,Shen Z and Wang X. Activation of mitochondrial protease OMA1 by Bax and Bak promotes cytochrome c release during apoptosis[J]. Proc Natl Acad Sci USA,2014,111(41):14782—7.

[31]Varecha M,Potesilova M,Matula P and Kozubek M. Endonuclease G interacts with histone H2B and DNA topoisomerase Ⅱ alpha during apoptosis[J]. Mol Cell Biochem,2012,363(1-2):301—7.

[32]刘洪亮,崔玉山. Caspase-12 在内质网应激中的激活途径及与疾病关系研究进展[J]. 环境卫生学杂志,2011,1(4):41—45.

[33]袁长青,丁振华. Caspase 的活化及其在细胞凋亡中的作用[J]. 生理科学进展,2002,33(3):220—224.

[34]翟丽,杨月,郭秀丽等. 内质网应激介导的细胞凋亡途径及新靶点药物[J]. 中国药学杂志,2008,43(18):1361—1364.

[35]钟明,魏玲玲,杨显富. 外源性及内源性细胞凋亡机制研

究进展[J]. 实用医院临床杂志,2014,11(2):170—173.

[36]许碧磊,祝筱梅,董宁等. 线粒体-内质网结构偶联与细胞免疫功能障碍[J]. 生理科学进展,2016,47(1):69—73.

[37]刘晓婷,王延让,张明. 线粒体介导细胞凋亡的研究进展[J]. 环境与健康杂志,2013,30(2):182—185.

[38]Kumar R,Herbert PE and Warrens AN. An introduction to death receptors in apoptosis[J]. Int J Surg,2005,3(4):268—77.

[39]Kroemer G. Mitochondrial control of apoptosis: an introduction[J]. Biochem Biophys Res Commun,2003,304(3):433—5.

[40]Nagata S. Apoptosis by death factor[J]. Cell,1997,88(3):355—65.

[41]Shen H,Pan XD,Zhang J,Zeng YQ,Zhou M,Yang LM,et al. Endoplasmic Reticulum Stress Induces the Early Appearance of Pro-apoptotic and Anti-apoptotic Proteins in Neurons of Five Familial Alzheimer's Disease Mice[J]. Chin Med J(Engl),2016,129(23):2845—2852.

[42]Huang HC,Tang D,Lu SY and Jiang ZF. Endoplasmic reticulum stress as a novel neuronal mediator in Alzheimer's disease[J]. Neurol Res,2015,37(4):366—74.

[43]Gearhart J,Pashos EE and Prasad MK. Pluripotency redux-advances in stem-cell research[J]. N Engl J Med,2007,357(15):1469—72.

[44]邓友平,肖培根. 核酸内切酶在细胞凋亡中的作用[J]. 生物化学与生物物理进展,1997,24(1):26—31.

[45]Wang QC,Zheng Q,Tan H,Zhang B,Li X,Yang Y,et al. TMCO1 is an ER Ca^{2+} Load-Activated Ca^{2+} Channel[J]. Cell,2016,165(6):1454—66.

[46]Li Y,Zhou M,Hu Q,Bai XC,Huang W,Scheres SH,et

al. Mechanistic insights into caspase-9 activation by the structure of the apoptosome holoenzyme[J]. Proc Natl Acad Sci USA, 2017,114(7): 1542—1547.

[47] 李奎,刘英,康相涛. 主要凋亡基因对细胞凋亡的调控[J]. 解剖科学进展,2007,13(1): 62—65.

[48]范开,罗岚,刘洪洪. 肿瘤坏死因子诱导凋亡配体TRAIL研究进展[J]. 重庆理工大学学报(自然科学),2011,25(2): 47—52.

[49]冯绍鸿,王月春,夏德昭. 中药对兔晶状体上皮细胞凋亡的cAMP的抑制作用[J]. 眼视光学杂志,2002,4(3): 164—166.

[50]Qin J,Li D,Zhou Y,Xie S,Du X,Hao Z,et al. Apoptosis-linked gene 2 promotes breast cancer growth and metastasis by regulating the cytoskeleton[J]. Oncotarget, 2017, 8(2): 2745—2757.

[51]Vito P,Lacana E and D'Adamio L. Interfering with apoptosis: Ca^{2+}-binding protein ALG-2 and Alzheimer's disease gene ALG-3[J]. Science,1996,271(5248): 521—5.

[52]吴红. 细胞凋亡的信号传导及其基因表达调控作用研究[J]. 实用临床医学,2006,7(4): 143—145.

[53]王艳杰,邓雯,张鹏飞. 细胞色素c与细胞凋亡研究进展[J]. 动物医学进展,2012,33(7): 89—92.

[54]周璇,阳学风. 神经酰胺诱导肿瘤细胞凋亡的机制研究进展[J]. 现代生物医学进展,2005,15(1): 174—177.

[55]孙廷哲,陈春,沈萍萍. 细胞凋亡中P53转录依赖与非依赖性调控[J]. 细胞生物学杂志,2008,30: 301—306.

[56]Wang J,Zhang P,Liu N,Wang Q,Luo J and Wang L. Cadmium Induces Apoptosis in Freshwater Crab Sinopotamon henanense through Activating Calcium Signal Transduction Pathway[J]. PLoS One,2015,10(12): e0144392.

[57]Liu D, Zhang M and Yin H. Signaling pathways in-

volved in endoplasmic reticulum stress-induced neuronal apoptosis[J]. Int J Neurosci,2013,123(3):155—62.

[58]Rasheva VI and Domingos PM. Cellular responses to endoplasmic reticulum stress and apoptosis[J]. Apoptosis,2009,14(8):996—1007.

[59]Zamzami N and Kroemer G. p53 in apoptosis control: an introduction[J]. Biochem Biophys Res Commun,2005,331(3):685—7.

[60]Caelles C,Helmberg A and Karin M. p53-dependent apoptosis in the absence of transcriptional activation of p53-target genes[J]. Nature,1994,370(6486):220—3.

[61]Safa AR. Roles of c-FLIP in Apoptosis,Necroptosis, and Autophagy[J]. J Carcinog Mutagen,2013,Suppl 6:003. doi:10.4172/2157—2518.

[62]Follis AV,Llambi F,Ou L,Baran K,Green DR and Kriwacki RW. The DNA-binding domain mediates both nuclear and cytosolic functions of p53[J]. Nat Struct Mol Biol,2014,21(6):535—43.

[63]彭黎明,江虹. 细胞凋亡检测方法的研究进展[J]. 中华病理学杂志,2001,30(2):35—36.

[64]常喜喜,成祥,王丽丽,王宇,张毅,陈国柱等. RIP1介导肿瘤坏死因子α诱导的L929细胞凋亡与程序性坏死[J]. 中国细胞生物学学报,2016,38(10):1232—1243.

[65]Huang HC,Zheng BW,Guo Y,Zhao J,Zhao JY,Ma XW,et al. Antioxidative and Neuroprotective Effects of Curcumin in an Alzheimer's Disease Rat Model Co-Treated with Intracerebroventricular Streptozotocin and Subcutaneous D-Galactose[J]. J Alzheimers Dis,2016,52(3):899—911.

[66]沈强,俞彰,法京等. 电镜下几种凋亡细胞的形态特征[J]. 复旦学报(医学版),2010,37(3):322—325.

[67] Huang HC, Xu K and Jiang ZF. Curcumin-mediated neuroprotection against amyloid-beta-induced mitochondrial dysfunction involves the inhibition of GSK-3beta[J]. J Alzheimers Dis, 2012, 32(4): 981—96.

[68] Troiano L, Ferraresi R, Lugli E, Nemes E, Roat E, Nasi M, et al. Multiparametric analysis of cells with different mitochondrial membrane potential during apoptosis by polychromatic flow cytometry[J]. Nat Protoc, 2007, 2(11): 2719—27.

[69] Poreba M, Strozyk A, Salvesen GS and Drag M. Caspase substrates and inhibitors[J]. Cold Spring Harb Perspect Biol, 2013, 5(8): a008680.

[70] Mack A, Furmann C and Hacker G. Detection of caspase-activation in intact lymphoid cells using standard caspase substrates and inhibitors[J]. J Immunol Methods, 2000, 241(1-2): 19—31.

[71] Pereira NA and Song Z. Some commonly used caspase substrates and inhibitors lack the specificity required to monitor individual caspase activity[J]. Biochem Biophys Res Commun, 2008, 377(3): 873—7.

[72] Crowley LC and Waterhouse NJ. Detecting Cleaved Caspase-3 in Apoptotic Cells by Flow Cytometry[J]. Cold Spring Harb Protoc, 2016, 2016(11): pdb prot087312.

[73] Fox R and Aubert M. Flow cytometric detection of activated caspase-3[J]. Methods Mol Biol, 2008, 414: 47—56.

[74] Belloc F, Belaud-Rotureau MA, Lavignolle V, Bascans E, Braz-Pereira E, Durrieu F, et al. Flow cytometry detection of caspase 3 activation in preapoptotic leukemic cells[J]. Cytometry, 2000, 40(2): 151—60.

[75] Mori T, Li X, Mori E and Guo M. Human T cell leukemia cell death by apoptosis-inducing nucleosides from CD57(+) HLA-DR(bright) natural suppressor cell line[J]. Jpn J Cancer

Res,2000,91(6)：629—37.

[76]Zheng Q,Xu J,Gao H,Tao R,Li W,Shang S,et al. Receptor expression and responsiveness of human peripheral blood mononuclear cells to a human cytomegalovirus encoded CC chemokine[J]. Braz J Infect Dis,2015,19(4)：403—9.

[77]Huang HC,Chang P,Lu SY,Zheng BW and Jiang ZF. Protection of curcumin against amyloid-beta-induced cell damage and death involves the prevention from NMDA receptor-mediated intracellular Ca^{2+} elevation[J]. J Recept Signal Transduct Res,2015,35(5)：450—7.

[78]Gee KR,Brown KA,Chen WN,Bishop-Stewart J,Gray D and Johnson I. Chemical and physiological characterization of fluo-4 Ca^{2+}-indicator dyes[J]. Cell Calcium,2000,27(2)：97—106.

[79]Minta A,Kao JP and Tsien RY. Fluorescent indicators for cytosolic calcium based on rhodamine and fluorescein chromophores[J]. J Biol Chem,1989,264(14)：8171—8.

[80]Kim YE,Chen J,Langen R and Chan JR. Monitoring apoptosis and neuronal degeneration by real-time detection of phosphatidylserine externalization using a polarity-sensitive indicator of viability and apoptosis[J]. Nat Protoc,2010,5(8)：1396—405.

[81]陆书彦,杨丽,常平等. 姜黄素抑制 $A\beta_{1-42}$ 诱导的细胞损伤和线粒体途径凋亡作用[J]. 中国药理学与毒理学杂志,2017,30(2)：138—144.

[82]Ding Y,Wang H,Niu J,Luo M,Gou Y,Miao L,et al. Induction of ROS Overload by Alantolactone Prompts Oxidative DNA Damage and Apoptosis in Colorectal Cancer Cells[J]. Int J Mol Sci,2016,17(4)：558.

[83]Hotz MA,Gong J,Traganos F and Darzynkiewicz Z.

Flow cytometric detection of apoptosis: comparison of the assays of in situ DNA degradation and chromatin changes[J]. Cytometry, 1994, 15(3): 237—44.

[84]Choucroun P, Gillet D, Dorange G, Sawicki B and Dewitte JD. Comet assay and early apoptosis[J]. Mutat Res, 2001, 478(1-2): 89—96.

[85] Yasuhara S, Zhu Y, Matsui T, Tipirneni N, Yasuhara Y, Kaneki M, et al. Comparison of comet assay, electron microscopy, and flow cytometry for detection of apoptosis[J]. J Histochem Cytochem, 2003, 51(7): 873—85.

[86] Liu X, Kim CN, Yang J, Jemmerson R and Wang X. Induction of apoptotic program in cell-free extracts: requirement for dATP and cytochrome c[J]. Cell, 1996, 86(1): 147—57.

[87] Essid E, Dernawi Y and Petzinger E. Apoptosis induction by OTA and TNF-alpha in cultured primary rat hepatocytes and prevention by silibinin[J]. Toxins (Basel), 2012, 4(11): 1139—56.

[88] Kaufman M, Leto T and Levy R. Translocation of annexin I to plasma membranes and phagosomes in human neutrophils upon stimulation with opsonized zymosan: possible role in phagosome function[J]. Biochem J, 1996, 316(Pt 1): 35—42.